AF578924

THÉORIE

DE

L'ÉCOULEMENT TOURBILLONNANT ET TUMULTUEUX DES LIQUIDES

DANS LES LITS RECTILIGNES A GRANDE SECTION.

23745 PARIS. — IMPRIMERIE DE GAUTHIER-VILLARS ET FILS, QUAI DES GRANDS-AUGUSTINS, 55.

THÉORIE

DE

L'ÉCOULEMENT TOURBILLONNANT ET TUMULTUEUX DES LIQUIDES

DANS LES LITS RECTILIGNES A GRANDE SECTION,

PAR M. J. BOUSSINESQ,

MEMBRE DE L'INSTITUT.

PARIS,

GAUTHIER-VILLARS ET FILS, IMPRIMEURS-LIBRAIRES

DES COMPTES RENDUS DES SÉANCES DE L'ACADÉMIE DES SCIENCES,

Quai des Grands-Augustins, 55.

1897

AVERTISSEMENT.

On sait que les grands écoulements fluides, tels qu'ils se produisent dans les tuyaux de conduite et les canaux découverts, n'ont longtemps offert aux géomètres, même quand un lit régulier y assure l'uniformité du régime, qu'une *énigme désespérante,* suivant le mot de l'un de ceux qui s'étaient le plus longtemps et le plus obstinément appliqués à les comprendre, l'illustre Barré de Saint-Venant, célèbre par sa belle solution des problèmes de la *torsion* et de la *flexion* des prismes. Même en 1865, alors que les études expérimentales si nettes et si étendues de Darcy et de M. Bazin, d'ailleurs précédées de bien d'autres non moins judicieuses et profondes, celles de du Buat notamment, faisaient connaître les lois générales de ces écoulements, si importantes dans la pratique de l'art de l'ingénieur, M. Bazin pouvait dire, vers la fin de l'Introduction à ses *Recherches hydrauliques :* « La question se complique et s'obscurcit davantage, à mesure que de nouvelles expériences, plus nombreuses et plus précises, paraîtraient devoir y jeter une plus grande lumière... Nous ne possédons pas encore de notions saines sur les mouvements intérieurs des fluides et sur les actions mutuelles de leurs molécules... ».

La lumière se fit en 1870 seulement, par une mise en compte très simple de l'influence que l'*agitation tourbillonnaire* inséparable des écoulements considérés exerce sur le mouvement *moyen local,* c'est-à-dire sur la *translation* des particules fluides, seule intéressante pour l'hydraulicien. C'est dans la première Partie d'un Volume intitulé *Essai sur la théorie des eaux courantes,* que fut exposée la théorie dont il s'agit. Mais ce Volume est épuisé; et, d'ailleurs, l'Auteur, appelé de temps à autre à porter son attention sur ces questions, par son enseignement de la Sorbonne, a pu y introduire un certain nombre d'aperçus nouveaux, sans compter, dans les démonstrations, quelques simplifications importantes : ce qui lui faisait un devoir de rajeunir toute la théorie, en la réduisant au maximum de simplicité.

Tel est le but de la présente publication, née à l'occasion de récentes expériences de M. Bazin *sur la distribution des vitesses dans les tuyaux de conduite,* qui achèvent d'éclaircir un point douteux (au sujet des deux modes comparés de l'écoulement soit dans une conduite forcée, soit à ciel ouvert) et qui permettent de préciser encore d'autres particularités délicates.

THÉORIE

DE

L'ÉCOULEMENT TOURBILLONNANT ET TUMULTUEUX DES LIQUIDES

DANS LES LITS RECTILIGNES A GRANDE SECTION.

§ I. — Objet de ce Mémoire.

« **1**. Depuis les années 1870 et 1872, où ont été ramenées à des formules simples et vraisemblables du frottement tant intérieur qu'extérieur ([1]) les lois du régime uniforme des grands courants liquides, telles que Darcy, en 1854, mais surtout M. Bazin, en 1863, les avaient dégagées de leurs nombreuses et précises observations ([2]), aucune donnée expérimentale ou théorique de quelque intérêt, concernant les vitesses relatives ou les actions mutuelles des filets fluides, n'était venue s'ajouter aux notions déjà acquises dans ce problème capital de l'Hydraulique. Il restait cependant à y éclaircir un important détail, au sujet de l'écoulement dans un tuyau de conduite, soit plein de liquide, soit rempli seulement jusqu'à mi-hauteur des sections, ou plutôt remplacé alors par un canal demi-circulaire découvert, coulant à pleins bords. Darcy ayant mesuré, dans le premier cas, la vitesse u au centre des sections (où elle acquiert son maximum u_m),

([1]) *Voir* les *Comptes rendus* du 29 août 1870 et du 3 juillet 1871, t. LXXI, p. 389, et t. LXXIII, p. 34, ainsi que l'*Essai sur la théorie des eaux courantes*, p. 24 à 87, au *Recueil des Savants étrangers*, t. XXIII.

([2]) *Recherches expérimentales relatives au mouvement de l'eau dans les tuyaux*, par M. H. Darcy (*Savants étrangers*, t. XV; 1858) et *Recherches expérimentales sur l'écoulement de l'eau dans les canaux découverts*, par M. Bazin (*Savants étrangers*, t. XIX; 1865).

au tiers des rayons R et à leurs deux tiers, avait cru pouvoir conclure que sa diminution $u_m - u$ aux distances croissantes r de l'axe était comme la puissance $\frac{3}{2}$ de ces distances. Or, dans le second cas, M. Bazin, après avoir multiplié, sur des canaux demi-circulaires, le mesurage des vitesses surtout aux grandes distances de l'axe, là où s'accuse le plus le décroissement considéré et où d'ailleurs ne se font plus guère sentir (à des profondeurs suffisantes) les inévitables troubles de la surface libre, avait constaté au contraire des diminutions $u_m - u$ de vitesse, à partir du filet superficiel moyen ou central, proportionnelles au cube r^3 de la distance à ce filet.

» Il est vrai que le désaccord des deux formules ne devenait bien sensible, vu leurs coefficients numériques obtenus, que dans la région des tuyaux non observée, c'est-à-dire aux distances r supérieures à $\frac{2}{3}$ R. Mais il n'en était pas moins désirable de contrôler directement et de compléter les résultats de Darcy par des observations assez nombreuses sur une conduite de grand diamètre. C'est ce que vient de faire (¹), avec toute la précision possible, M. Bazin, sur un tuyau circulaire en ciment de $0^m,40$ de rayon et 80^m de longueur, où le régime uniforme se trouvait parfaitement établi dès le milieu de la longueur; et ses observations, tout en confirmant comme loi approchée la proportionnalité de la différence $u_m - u$ au cube r^3, ont rendu possible un degré de plus d'approximation dans le calcul de cette différence.

» Le présent travail a pour principal objet de formuler cette deuxième approximation et d'en déduire quelques conséquences au sujet tant du débit que des frottements intérieurs. Toutefois, je reprendrai, à cette occasion, la théorie même du régime uniforme dans les écoulements tumultueux, afin d'y introduire quelques simplifications et aperçus faisant partie depuis plusieurs années de mon enseignement à la Sorbonne, mais non publiés encore.

§ II. — Des vitesses, accélérations et déformations moyennes locales.

» **2.** Je rappelle d'abord que, dans une masse fluide suffisamment large et profonde qui commence à couler entre des parois quelconques, les

---

(¹) *Comptes rendus*, t. CXXII, p. 1250; 1er juin 1896. Voir au même tome des *Comptes rendus* (p. 1525; séance du 29 juin 1896) le Rapport approbatif de ce Mémoire, qui paraîtra *in extenso* dans le *Recueil des Savants étrangers*.

moindres déviations causées par leurs rugosités, même imperceptibles, ou par les plus légères irrégularités du mouvement à l'entrée, etc., entraînent des chocs, des tourbillonnements, qui se communiquent d'une particule à l'autre, se multiplient dès que la vitesse est sensible, et sillonnent bientôt en tous sens la masse. Ils y produisent ainsi une *agitation* irrégulièrement périodique (*pouls* du courant), dont l'amplitude et la fréquence définissent en quelque sorte son intensité, comme la température d'un corps mesure le degré de son imperceptible agitation calorifique.

» Il en résulte la nécessité de distinguer deux parties, à propriétés très différentes, dans les vitesses et les accélérations, soit suivant chaque axe, soit totales, tant d'une même particule fluide, considérée aux divers endroits où elle passe durant un court instant, que des particules observées dans un même petit espace (x, y, z) à la fois ou successivement pendant un temps assez bref. La première de ces parties, seule importante pour l'hydraulicien (car c'est elle qu'enregistrent principalement les appareils hydrométriques et elle seule qui correspond à l'*écoulement*), est la moyenne des valeurs de la vitesse ou de l'accélération en question, *moyenne locale* constituant une vitesse ou une accélération *graduellement* variables d'une particule (x, y, z) à ses voisines et d'un instant à l'autre, c'est-à-dire susceptibles d'être exprimées par des fonctions régulières et relativement simples de x, y, z, t. La seconde, au contraire, bien que généralement plus petite que la première (du moins quand c'est une vitesse), change très vite avec x, y, z, t, mais dans des sens contraires pour des valeurs peu différentes des variables, de manière à être nulle en moyenne, suivant chaque axe, dans tout intervalle de grandeur médiocre et à avoir cependant de très fortes dérivées, mais nulles aussi en moyenne; c'est une vitesse ou accélération non d'écoulement, mais de pure *agitation* sur place.

» **3.** Donc, en désignant par u, v, w les composantes, suivant les axes, de la vitesse moyenne locale en (x, y, z), et par u_1, v_1, w_1 les petites composantes de la vitesse irrégulière ou d'agitation, les six vitesses élémentaires (par rapport aux x, y, z) de dilatation et de glissement d'une particule à l'époque t, savoir

$$\left\{\begin{array}{l} \frac{d.u+u_1}{dx}, \quad \frac{d.v+v_1}{dy}, \quad \frac{d.w+w_1}{dz}, \quad \frac{d.v+v_1}{dz}+\frac{d.w+w_1}{dy}, \\ \qquad \frac{d.w+w_1}{dx}+\frac{d.u+u_1}{dz}, \quad \frac{d.u+u_1}{dy}+\frac{d.v+v_1}{dx}, \end{array}\right.$$

pourront s'écrire

$$(1)\quad \left\{\begin{array}{l} \dfrac{du_1}{dx}+D_x,\quad \dfrac{dv_1}{dy}+D_y,\quad \dfrac{dw_1}{dz}+D_z,\quad \dfrac{dv_1}{dz}+\dfrac{dw_1}{dy}+G_x,\\ \qquad \dfrac{dw_1}{dx}+\dfrac{du_1}{dz}+G_y,\quad \dfrac{du_1}{dy}+\dfrac{dv_1}{dx}+G_z, \end{array}\right.$$

si l'on appelle D_x, D_y, D_z, G_x, G_y, G_z leurs parties graduellement variables

$$(2)\quad \left\{\begin{array}{l} D_x=\dfrac{du}{dx},\quad D_y=\dfrac{dv}{dy},\quad D_z=\dfrac{dw}{dz},\quad G_x=\dfrac{dv}{dz}+\dfrac{dw}{dy},\\ \qquad G_y=\dfrac{dw}{dx}+\dfrac{du}{dz},\quad G_z=\dfrac{du}{dy}+\dfrac{dv}{dx}, \end{array}\right.$$

parties beaucoup plus petites que celles d'agitation, mais seules différentes de zéro en moyenne.

» Or c'est justement de ces vitesses actuelles (1) de dilatation et de glissement, en même temps que de la température et de la densité actuelles τ, ρ de la particule (supposée sans viscosité appréciable), que dépendent les écarts existant entre la contexture interne effective de la particule et sa contexture *élastique* ou isotrope à la même température et à la même densité, *écarts en rapport avec la rapidité actuelle des déformations*, qui ne laisse pas le temps à la particule de refaire son isotropie sans cesse troublée par la continuation du mouvement relatif de sa matière ([1]).

§ III. — Pressions moyennes locales.

» 4. Par suite, les six pressions élémentaires (relatives aux axes) N_x, N_y, N_z, T_x, T_y, T_z exercées à l'intérieur de la particule comprennent, outre leur partie élastique fonction de ρ, τ seulement, égale dans N_x, N_y, N_z et nulle dans T_x, T_y, T_z, une partie non élastique, dépendant encore de ρ, τ, mais aussi des six variables (1), et s'annulant avec elles. Dans les mouvements bien continus, c'est-à-dire sans agitation, et dans ceux à faible agitation (écoulement le long des tubes fins, petites oscillations, etc.) où les variables (1) sont seulement de l'ordre de leurs parties bien continues D,

([1]) Voir, à ce sujet, la fin d'un article *Sur l'explication physique de la fluidité*, dans le *Compte rendu* du 19 mai 1891 (*Comptes rendus*, t. CXII, p. 1099), ou mieux encore la *Note complémentaire* insérée à la fin du présent Travail.

G, ces six fonctions N, T peuvent se développer suivant les puissances des variables (1) par la formule de Mac-Laurin bornée aux termes du premier degré; et lorsqu'on prend ensuite les moyennes de leurs valeurs sur de petites étendues, ou durant de petits temps en un même endroit (x, y, z), pour avoir les *pressions moyennes locales*, les déformations d'agitation, nulles en moyenne, s'en éliminent, n'y laissant subsister aucune autre vitesse de déformation que celles d'écoulement D, G, avec des coefficients fonctions seulement de ρ, τ ou même plutôt des valeurs moyennes locales de ρ, τ, parties de ρ, τ indépendantes de l'agitation. Car s'il y avait (ce qui n'est pas impossible), dans la température et la densité, de petites parties d'agitation, ρ_1, τ_1, en sus de leurs moyennes locales ρ, τ, la pression élastique et les coefficients en question, développés suivant ρ_1, τ_1, donneraient en ρ_1, τ_1 des termes linéaires, nuls en moyenne, ou dont les produits par les vitesses de déformation pourraient alors être négligés comme non linéaires.

» Mais ici où les six vitesses de déformation (1) ont leurs premières parties en u_1, v_1, w_1 considérables, c'est seulement suivant leurs autres parties D, G, très petites en comparaison, qu'on peut développer linéairement les six fonctions N, T, et lorsqu'on prend ensuite leurs moyennes, sur de faibles étendues et durant de courts instants où les D, G ne varient pas, les coefficients de ces vitesses graduelles de déformation D, G, toujours dépendants, dans les pressions moyennes locales obtenues N, T, des densité et température moyennes locales ρ, τ, ne sont fonctions, pour un même élément plan, des vitesses d'agitation autour de (x, y, z) et des variations concomitantes ρ_1, τ_1 de la densité et de la température, que par certains de leurs caractères généraux où n'entrent pas plus leurs valeurs individuelles à un instant et en un point qu'aux autres voisins dans tout un intervalle où leurs moyennes sont nulles. Quoi qu'il en soit, ces coefficients ne sont fonctions que des deux variables ρ, τ définissant l'état élastique moyen local et, en outre, de l'*agitation*, telle qu'elle est durant un court instant dans une petite étendue entourant le point (x, y, z).

» **5.** D'ailleurs, si l'on considère les relations usuelles, déduites des formules de transformation des coordonnées, qui existent entre les vitesses de déformation (dilatations et glissements) relatives aux divers systèmes possibles d'axes, et les formules analogues qui relient les pressions N, T subies par les éléments plans correspondants suivant leurs intersections mutuelles, ou encore les relations plus simples (dont celles-là se déduisent) existant entre N_x, N_y, N_z, T_x, T_y, T_z et les trois composantes p_x, p_y, p_z de la pression exercée sur un élément plan de direction quelconque, toutes ces formules sont linéaires et homogènes par rapport aux vitesses de déformation ou aux composantes de pression, avec des coefficients fonctions seulement des directions des divers axes et éléments plans considérés; de sorte qu'on en prend immédiatement les moyennes, pour des espaces ou des instants voisins, sans avoir à modifier ces coefficients, mais par la simple substitution, à chaque vitesse de déformation ou composante de pression, de sa valeur moyenne locale. Toutes ces formules s'appliquent donc aux déformations et pressions moyennes locales, puis même, par soustraction de celles-ci d'avec les déformations ou pressions individuelles, aux déformations et pressions d'agitation, qu'on n'aura pas, il est vrai, à considérer.

» Et leurs conséquences s'étendent à chacune de ces sortes de pressions ou vitesses de déformations, notamment celles qui concernent l'existence, en chaque point et à chaque instant, de trois éléments plans matériels *principaux*, rectangulaires entre eux, de part et d'autre desquels les déformations se font symétriquement durant l'instant dt, et de trois éléments plans analogues (*orthostatiques*) sur lesquels les pressions sont normales.

» **6.** Cela posé, comme on peut concevoir quelconques, à chaque instant, les six déformations élémentaires imprimées soit à une particule de matière, soit aux particules venant passer en un même endroit (x, y, z), et qu'il en est par suite de même tant de leurs moyennes que de leurs excédents à chaque instant sur leurs moyennes (sous la seule condition que ceux-ci aient dès lors leurs propres moyennes nulles), les déformations d'agitation sont *complètement indépendantes* des déformations moyennes locales D, G, dans les formules des pressions.

» Cette indépendance subsiste même quand, supposant le fluide incompressible (ce qui n'est nullement obligé, même pour un liquide), on s'impose de ne choisir que des déformations compatibles avec la conservation parfaite des volumes aux divers instants. En effet, celle-ci revient, comme on sait, à établir, entre les vitesses effectives de dilatation dans les sens des axes, la relation linéaire

$$(3)\qquad \frac{d.u+u_1}{dx}+\frac{d.v+v_1}{dy}+\frac{d.w+w_1}{dz}=0.$$

» Prenons, pour l'en retrancher ensuite, la valeur moyenne locale des termes, qui donne évidemment

$$(4) \qquad \frac{du}{dx} + \frac{dv}{dy} + \frac{dw}{dz} = 0;$$

il vient

$$(5) \qquad \frac{du_1}{dx} + \frac{dv_1}{dy} + \frac{dw_1}{dz} = 0.$$

» Or ces formules expriment que les vitesses moyennes locales (u, v, w), prises séparément, et les vitesses d'agitation (u_1, v_1, w_1), prises aussi séparément, vérifient, tant les unes que les autres, cette condition de conservation des volumes, si on les suppose se produisant aux divers points (x, y, z) de l'espace, comme elles s'y produisent *ensemble* dans le mouvement effectif. Donc la relation (3) se dédouble en deux autres (4), (5), où les déformations d'agitation ne sont pas mêlées à celles du mouvement moyen local; en sorte que l'indépendance mutuelle de ces deux catégories de déformations subsiste.

» Nous pourrons ainsi, dans un petit espace entourant le point (x, y, z), faire correspondre successivement toutes sortes de déformations moyennes locales D, G à un même système de déformations d'agitation, entraînant par suite les mêmes petites parties accidentelles ρ_1, τ_1, nulles en moyenne, de la densité et de la température.

§ IV. — Formules des pressions moyennes locales et équations indéfinies du mouvement.

» **7.** Imaginons, de la sorte, qu'un élément plan quelconque, par exemple celui qui est normal aux x et sur lequel les composantes de la pression moyenne locale sont N_x, T_z, T_y, devienne *principal* au point de vue des déformations moyennes locales, c'est-à-dire tel, que l'on y ait $G_z = 0$, $G_y = 0$. Cela signifiera que les couches fluides de la particule normales aux x n'éprouvent aucun glissement moyen local les unes devant les autres, les files de molécules parallèles aux x ne s'inclinant pas plus souvent ni en plus d'endroits sur ces couches dans certains sens que dans les sens contraires. Autrement dit, les déformations actuelles se feront, en moyenne, symétriquement de part et d'autre de ces couches; et les écarts moléculaires auxquels elles donneront lieu, entre la contexture idéale ou élastique de la particule pour les densité et température ρ, τ et sa contexture effective, ne pourront qu'être aussi, en moyenne, symétriques par rapport aux mêmes couches, si le fluide est pareillement constitué en tous sens dans l'état élastique. D'où il suit que les pressions moyennes locales, égales et contraires, exercées sur les deux faces d'une couche, ne pourront aussi qu'être symétriques l'une de l'autre et normales à la couche.

» Mais plaçons-nous dans le cas exceptionnel où il s'agirait d'un fluide doué du pouvoir rotatoire, dont l'état élastique serait seulement *isotrope* et non symétrique, c'est-à-dire serait pareil relativement à tous les systèmes d'axes des x, y, z qui se déduisent de l'un d'eux par une rotation quelconque du trièdre des coordonnées positives (sans échange de nom entre deux d'entre elles), ou pareil relativement à toutes les orientations possibles d'un observateur, auquel il offrirait cependant un aspect non symétrique à sa droite et à sa gauche. Alors on peut toujours remarquer que les déformations moyennes locales seront vues se faire de même, sur un côté quelconque d'une couche normale aux x, par deux observateurs ayant les pieds sur cette couche et tournés dos à dos, c'est-à-dire ayant deux orientations, autour de la normale, différentes de 180 degrés; en sorte que les écarts moléculaires entre l'état élastique et l'état effectif doivent leur paraître aussi moyennement pareils et, par suite, la pression moyenne locale exercée, à leurs pieds, sur l'élément plan normal aux x, pareillement située relativement à eux, c'est-à-dire normale à l'élément.

» En résumé, que le fluide soit ou non symétrique, comme il est toujours isotrope dans l'état élastique, l'on est conduit à admettre que *tout élément plan principal, au point de vue des déformations moyennes locales, est aussi principal au point de vue des pressions moyennes locales, c'est-à-dire perpendiculaire à la pression exercée sur lui.*

» **8.** Mais revenons à notre élément normal aux x. Nous voyons que les composantes tangentielles T_z, T_y de sa pression moyenne locale s'annulent dès que les vitesses de glissement G_z, G_y s'annulent elles-mêmes. Donc, si l'on considère, par exemple, T_z, son développement linéaire suivant les six quantités indépendantes D, G comprend tout au plus les deux termes en G_z, G_y. Mais, en considérant également T_z comme composante tangentielle de la pression moyenne locale sur l'élément plan normal aux y, on verrait de même que ce développement de T_z comprend tout au plus les deux termes en G_z, G_x. Il se réduit, par conséquent, au terme affecté de G_z; et l'on a, en désignant par K un coefficient fonction, d'une part, des densité et température moyennes locales ρ, τ, d'autre part, de l'agitation telle qu'elle se produit autour de (x, y, z),

$$(6) \qquad T_z = KG_z.$$

» **9.** L'agitation étant toujours supposée, autour de (x, y, z), la même que précédemment, faisons varier les six vitesses moyennes locales de déformation D_x, D_y, D_z, G_x, G_y, G_z, de manière que les trois vitesses *principales* correspondantes de dilatation ou d'*extension*, auxquelles je donnerai les noms D_1, D_2, D_3, aient dans l'espace trois directions rectangulaires quelconques et prennent d'ailleurs, suivant ces directions, toutes les grandeurs relatives. Les pressions moyennes locales correspondantes P_1, P_2, P_3, également principales comme on a vu, pourront être exprimées dans un système de coordonnées ayant leur direction et puis être développées linéairement suivant les vitesses moyennes locales correspondantes de déformation, qui se réduisent aux trois dilatations D_1, D_2, D_3. Formons ensuite, pour tenir lieu de P_1, P_2, P_3, d'une part, leur moyenne arithmétique changée de signe (*pression moyenne*), que nous appellerons p, d'autre part, leurs demi-différences respectives $\frac{1}{2}(P_2 - P_3)$, $\frac{1}{2}(P_3 - P_1)$, $\frac{1}{2}(P_1 - P_2)$. Ce seront, avec des coefficients dépendant de ρ, τ et de l'agitation, quatre fonctions linéaires des trois variables D_1, D_2, D_3, ou, encore, de leur somme $D_1 + D_2 + D_3$ (*vitesse de dilatation cubique*) et de deux quelconques de leurs différences $D_2 - D_3$, $D_3 - D_1$, $D_1 - D_2$, à somme algébrique nulle.

Or, quand une de ces différences, celle de D_2 et D_3 par exemple, s'annule, on sait que toutes les directions comprises dans le plan des dilatations correspondantes D_2, D_3 sont principales au point de vue des déformations; ce qui entraîne qu'elles le soient aussi pour les pressions et que l'ellipsoïde d'élasticité, devenu de révolution autour de D_1 ou de P_1, donne $\frac{1}{2}(P_2 - P_3) = 0$. Donc la demi-différence $\frac{1}{2}(P_2 - P_3)$, que l'on peut concevoir exprimée en fonction linéaire de $D_1 + D_2 + D_3$ et de $D_2 - D_3$, $D_3 - D_1$, se réduit au terme affecté de $D_2 - D_3$; et, en considérant aussi les deux autres demi-différences analogues, l'on a des formules comme

$$(7) \quad \begin{cases} \frac{1}{2}(P_2 - P_3) = \varepsilon(D_2 - D_3), \qquad \frac{1}{2}(P_3 - P_1) = \varepsilon'(D_3 - D_1), \\ \frac{1}{2}(P_1 - P_2) = \varepsilon''(D_1 - D_2) = -\varepsilon''(D_2 - D_3) - \varepsilon''(D_3 - D_1), \end{cases}$$

où ε, ε', ε'' sont trois coefficients indépendants de D_1, D_2, D_3.

» La somme des formules (7) donne

$$o = (\varepsilon' - \varepsilon'')(D_3 - D_1) - (\varepsilon'' - \varepsilon)(D_2 - D_3).$$

» Comme cette relation a lieu quels que soient les rapports mutuels des deux différences arbitraires $D_3 - D_1$, $D_2 - D_3$, il en résulte

$$\varepsilon' - \varepsilon'' = o, \qquad \varepsilon'' - \varepsilon = o;$$

et les trois formules (7) reviennent à poser l'égalité continue

$$(8) \qquad \frac{P_2 - P_3}{2(D_2 - D_3)} = \frac{P_3 - P_1}{2(D_3 - D_1)} = \frac{P_1 - P_2}{2(D_1 - D_2)} = \varepsilon.$$

» **10.** Si l'on appelle a, a', a'' les cosinus directeurs de D_1, b, b', b'' ceux de D_2, c, c', c'' ceux de D_3, les formules connues, pour exprimer soit les six déformations D, G, soit les six pressions N, T, relatives aux axes des x, y, z, en fonction des déformations ou pressions analogues, relatives aux directions principales correspondantes et réduites à D_1, D_2, D_3 ou à P_1, P_2, P_3, donnent, d'une part, comme on sait,

$$(9) \qquad \begin{cases} D_x + D_y + D_z = D_1 + D_2 + D_3, \\ \frac{1}{3}(N_x + N_y + N_z) = \frac{1}{3}(P_1 + P_2 + P_3) = -p, \end{cases}$$

d'autre part, avec presque autant de facilité,

$$(10) \qquad \begin{cases} D_y - D_z = (c'^2 - c''^2)(D_3 - D_1) - (b'^2 - b''^2)(D_1 - D_2), & D_z - D_x = \ldots, \\ N_y - N_z = (c'^2 - c''^2)(P_3 - P_1) - (b'^2 - b''^2)(P_1 - P_2), & N_z - N_x = \ldots, \\ \frac{1}{2}G_x = \quad c'c'' \quad (D_3 - D_1) - \quad b'b'' \quad (D_1 - D_2), & \frac{1}{2}G_y = \ldots, \\ T_x = \quad c'c'' \quad (P_3 - P_1) - \quad b'b'' \quad (P_1 - P_2), & T_y = \ldots \end{cases}$$

» Il en résulte immédiatement, vu l'égalité des rapports (8),

$$(11) \qquad \frac{N_y - N_z}{2(D_y - D_z)} = \frac{N_z - N_x}{2(D_z - D_x)} = \frac{N_x - N_y}{2(D_x - D_y)} = \frac{T_x}{G_x} = \frac{T_y}{G_y} = \frac{T_z}{G_z} = \varepsilon.$$

» **11.** La valeur commune ε des six premiers rapports (11), étant en particulier celle du sixième d'entre eux, se confond avec le coefficient K de la formule (6), et elle se trouve dès lors complètement indépendante de la manière dont sont orientées les trois vitesses principales de dilatation D_1, D_2, D_3 dans le mouvement moyen local. Mais on voit, par les formules (8) et (10), appliquées (avec d'autres valeurs des cosinus a, a', …, c'')

au passage du système des directions principales à un système quelconque d'axes rectangulaires, que ce coefficient serait encore le même si l'on rapportait le mouvement à des coordonnées rectangles arbitraires, de sorte qu'il constitue un *coefficient de frottement intérieur* dépendant des déformations d'agitation au point considéré (x, y, z) sans dépendre ni de leurs valeurs à un instant dt plus qu'aux instants voisins, ni des angles de leurs directions ou de leurs plans avec aucuns autres. Et il resterait encore le même, par suite de l'isotropie du fluide à l'état élastique, si le système de déformations constituant l'agitation était autrement orienté dans l'espace.

» Il exprime d'ailleurs le rapport de quantités graduellement variables en x, y, z, t, comme T_x et G_x, etc., et il est, par suite, graduellement variable lui-même, très différent en cela des déformations d'agitation qui cependant le constituent. Il n'est donc fonction de celles-ci qu'à la manière d'une moyenne locale, où se confondent leurs détails tant de direction que de grandeur; et l'on peut dire qu'il dépend uniquement (à part les variables ρ, τ de l'état élastique moyen local) du *degré actuel moyen* d'intensité de l'agitation au point considéré, comme les coefficients évaluant les propriétés physiques d'un corps dépendent en général du degré de son imperceptible agitation calorifique appelé *température*. Le degré de l'agitation sera comme une sorte de température de l'écoulement, plus grossière que la température proprement dite, et englobant peut-être les deux principaux attributs du *pouls* d'un cours d'eau, amplitude et fréquence, comme la température implique à la fois, par son élévation, l'amplitude du mouvement calorifique et la période de ses vibrations, du moins les plus multipliées.

» L'agitation paraît donc devoir à son extrême irrégularité la propriété d'influer sur les qualités mécaniques d'une particule fluide sans altérer *en moyenne* son isotropie, et elle se comporte comme si, en un court moment, elle présentait les mêmes circonstances générales par rapport à tous les systèmes d'axes qu'une rotation quelconque déduit d'un premier système rectangulaire des x, y, z.

» **12.** Cela étant admis, le développement linéaire de la pression moyenne p, suivant $D_1 + D_2 + D_3$, $D_2 - D_3$ et $D_3 - D_1$, ne peut contenir les termes en $D_2 - D_3$ et $D_3 - D_1$, qui changent de signe, tandis que p reste invariable, quand on permute D_2 et D_3, ou D_3 et D_1, c'est-à-dire quand on fait tourner de 90°, autour de la dilatation principale D_1 ou de la dilatation principale D_2, le système d'axes rectangulaires constitué par les directions de D_1, D_2, D_3. Donc la pression moyenne p, c'est-à-dire $-\frac{1}{3}(N_x + N_y + N_z)$, ne dépendra des vitesses moyennes locales de déformation que par un terme proportionnel au trinôme $D_x + D_y + D_z$, c'est-à-dire à la vitesse actuelle $D_1 + D_2 + D_3$ avec laquelle se dilate, dans le mouvement moyen local, le volume des particules fluides considérées. Et le coefficient de ce terme sera d'ailleurs, tout comme la partie de p indépendante du mouvement moyen local, fonction des deux variables ρ, τ et du degré d'agitation.

» Mais, vu l'ordinaire petitesse (du moins dans les fluides sans viscosité appréciable) des parties non élastiques des pressions, comparativement à la pression élastique ou normale de repos, la pression moyenne p ne différera que peu de la pression élastique pour mêmes densité et température moyennes locales ρ, τ; et l'on n'aura à peu près jamais besoin de l'en distinguer.

» **13.** Si l'agitation s'affaiblissait au point que les déformations effectives ou totales devinssent seulement de l'ordre des D, G, le coefficient ε du frottement intérieur, et celui qui affecte $D_x + D_y + D_z$ dans p, ne dépendraient plus que de ρ, τ. En effet, nos raisonnements s'appliquent évidemment à ce cas limite, où *l'agitation* s'élimine, comme nous avons vu, des formules des pressions moyennes locales. Le coefficient ε, en particulier, se réduirait donc alors à sa valeur déduite des expériences de Poiseuille sur l'écoulement dans les tubes fins et qui est, pour l'eau à 10° C., $\varepsilon = 0{,}0000001336\,\rho g = 0^{\text{gr}}{,}1336$, les unités de temps et de longueur étant la seconde et le mètre.

» **14.** La comparaison des six premiers membres de (11) au septième ε fait connaître les formules définitives de $N_y - N_z$, $N_z - N_x$, ..., T_z; et si l'on observe d'ailleurs que les trois composantes normales de pression N_x, N_y, N_z s'expriment immédiatement en fonction linéaire de leur moyenne arithmétique $-p$ et du tiers de leurs différences respectives $N_y - N_z$, ..., il vient, pour représenter les pressions moyennes locales N, T, au moyen de p, du coefficient ε de frottement intérieur et des vitesses moyennes locales D, G de déformation, les triples formules

$$(12)\quad \begin{cases} (N_x, N_y, N_z) = -p - \frac{2}{3}\varepsilon(D_x + D_y + D_z) + 2\varepsilon(D_x, D_y, D_z), \\ (T_x, T_y, T_z) = \varepsilon(G_x, G_y, G_z). \end{cases}$$

» Le second terme de N_x, N_y, N_z, en $\varepsilon(D_x + D_y + D_z)$, s'y trouvera évidemment négligeable, à côté des autres termes en ε, dans les mouvements où les changements de forme des particules seront incomparablement plus grands que ceux de leur volume, notamment dans tous les écoulements de liquides, et même dans les écoulements de gaz sous des différences de pression assez petites par rapport à la pression elle-même.

» Après avoir substitué, dans (12), les valeurs (2) des vitesses de déformation, on portera ces expressions des forces N, T dans les équations indéfinies du mouvement moyen local,

$$(13)\quad \left\{ \begin{array}{l} \dfrac{dN_x}{dx} + \dfrac{dT_z}{dy} + \dfrac{dT_y}{dz} + \rho X = \rho u', \qquad \dfrac{dT_z}{dx} + \dfrac{dN_y}{dy} + \dfrac{dT_x}{dz} + \rho Y = \rho v', \\ \qquad\qquad \dfrac{dT_y}{dx} + \dfrac{dT_x}{dy} + \dfrac{dN_z}{dz} + \rho Z = \rho w', \end{array} \right.$$

où X, Y, Z sont les composantes de la pesanteur g et u', v', w' celles de l'accélération moyenne locale, exprimables en u, v, w et leurs dérivées à la manière ordinaire. L'on aura ainsi, sous forme explicite en u, v, w, p, les trois équations indéfinies du mouvement, si l'on parvient à connaître le mode de variation de ε en fonction des données du problème.

§ V. — Expression du frottement extérieur et conditions relatives aux surfaces limites.

» **15.** A la surface limite du fluide, les trois composantes, suivant les axes, de la pression moyenne locale de celui-ci sur sa couche superficielle, exprimées par les formules habituelles en fonction linéaire des N, T, égaleront les composantes contraires de l'action du milieu extérieur sur la même couche.

» Quand le milieu extérieur est une paroi fixe, l'ignorance où l'on est de la composante normale de sa pression se trouve suppléée par la connaissance de la composante analogue de vitesse, alors nulle. Mais on ne peut se dispenser d'avoir une formule de ses composantes tangentielles, c'est-à-dire du frottement extérieur F_e, opposé en direction au glissement, sur la paroi, des couches fluides presque contiguës, plus intérieures toutefois que la couche extrêmement mince immobilisée par adhésion à la paroi. Si l'on prend celles d'entre elles qui sont à une distance de la paroi à peine perceptible, et néanmoins suffisante pour que leur vitesse moyenne locale

V n'éprouve plus de l'une à l'autre le très rapide accroissement local dû à leur voisinage même de la couche immobilisée, la vitesse V, à très peu près la même sur une épaisseur sensible, y sera ce que les hydrauliciens appellent la *vitesse à la paroi*.

» C'est surtout d'elle et du degré de rugosité de la paroi, que dépendra dans les mouvements tumultueux le frottement extérieur F_e par unité d'aire. En effet, à travers la mince couche fluide tapissant la paroi et immobilisée sur une épaisseur imperceptible, les rugosités subissent, par leur côté exposé au courant, l'impulsion vive ou le choc des particules intérieures qu'elles dévient, dont chacune les presse d'autant plus, suivant le sens de la vitesse moyenne locale V, qu'elles sont plus grosses et qu'elle est elle-même, à volume égal, plus massive ou d'un poids proportionnel ρg plus fort, et, en outre, animée d'une vitesse V plus grande, l'impulsion ou pression totale produite ainsi sur l'unité d'aire de la paroi étant, d'ailleurs, d'autant plus forte encore que les rugosités sont plus multipliées et qu'il y passe devant chacune plus de particules fluides par unité de temps, ou que la vitesse V est plus grande.

» Le frottement F_e dû à ces impulsions ou, encore, à l'aspiration *corrélative* (dite *non-pression*) qu'elles provoquent sur la face *aval* et protégée des aspérités, sera donc, d'une part, proportionnel aux deux facteurs constituant en quelque sorte, par leur produit, le degré de rugosité, savoir fréquence et ampleur des inégalités de la paroi; d'autre part, proportionnel deux fois à la vitesse à la paroi V et une fois au poids ρg de l'unité de volume du fluide, en admettant, ce qui est l'hypothèse la plus naturelle et la plus simple, que chaque circonstance quantitative distincte dont l'annulation entrainerait celle de l'impulsion soit en raison directe de celle-ci [1].

---

[1] Il ne faudrait cependant pas, en ce qui concerne la proportionnalité du frottement à la grosseur et à la fréquence des aspérités, que le nombre de celles-ci, surtout si elles sont à peu près de même hauteur et très aplaties ou arasées à leur sommet, se multipliât au point de réduire leurs intervalles creux à d'étroits sillons, d'une étendue relative insignifiante dans le sens du courant, et où ne pourraient pas pénétrer les particules affluentes animées de vitesses notables, ou à trajectoires dès lors *tendues*. Car de telles rugosités s'annihileraient presque, mutuellement, étant comme effacées par la couche de fluide *mort* qui occuperait ou, mieux, comblerait leurs interstices. On peut voir, à ce sujet, dans les *Recherches hydrauliques* de M. Bazin (p. 87), les séries d'expériences 13 à 17, où des aspérités transversales à sections rectangulaires, de $0^m,01$ de hauteur et $0^m,027$ de largeur (dans le sens des x ou du courant), continues tout le long des contours mouillés qu'elles occupaient, laissaient entre elles des

» **16.** Si donc B désigne un coefficient très notablement croissant avec le degré de rugosité, l'on aura une formule comme $B\rho g V^2$ pour exprimer la partie du frottement extérieur due à l'impulsion des particules contre la paroi et liée aux petites sinuosités de leurs trajectoires, c'est-à-dire, en définitive, à l'agitation du fluide. Or, dans les écoulements tumultueux où la vitesse à la paroi sera un peu grande, cette partie principale $\rho g B V^2$ du frottement extérieur masquera complètement l'autre partie qui seule le constituerait dans des mouvements bien continus, c'est-à-dire celle que donnerait la composante, suivant le sens général de l'écoulement tout autour, du frottement de la couche immobilisée, sur le fluide intérieur, si celui-ci prenait des mouvements réguliers tout en conservant la même vitesse moyenne locale V à la distance de la paroi où cette vitesse se produit effectivement. En effet, dans un tube capillaire où pareille vitesse s'observerait à pareille distance de la paroi, mais avec mouvements bien continus, le frottement extérieur ne serait certainement presque rien à côté de ce qu'il est dans le lit à grande section considéré ici.

» Nous aurons donc, pour l'expression approchée du frottement d'une paroi,

$$F_e = \rho g B V^2. \tag{14}$$

» **17.** A une surface libre, où le milieu extérieur sera une atmosphère très mobile et *très peu dense*, presque sans inertie, l'extrême facilité qu'aura le liquide sous-jacent à l'entraîner empêchera le frottement F_e d'acquérir des valeurs sensibles; et l'on aura $F_e = 0$, ou $B = 0$ dans la formule (14), encore applicable ainsi.

» L'action du liquide sur sa couche superficielle se réduira donc à sa composante normale, que l'on égalera à la pression donnée de l'atmosphère; et, inversement à ce qui arrivait auprès d'une paroi fixe, la connaissance de cette pression suppléera à celle de la vitesse de déplace-

---

rainures parallèles, de $0^m,01$ de largeur (suivant les x) dans les séries 12, 13, 14, et de $0^m,05$ dans les séries 15, 16, 17. La résistance à l'écoulement atteignait, dans le second cas, le double environ de sa valeur dans le premier.

Une Note du n° 36 montrera, d'ailleurs, que la pénétration des filets fluides entre les intervalles des aspérités paraît croître aussi, à égalité de vitesse V, quand la largeur et la profondeur du courant se réduisent au point de n'être plus comme infinies par rapport à la hauteur des rugosités de son lit; et, par suite, le frottement devient alors plus grand.

ment de la surface, c'est-à-dire à la connaissance de la composante de la vitesse moyenne locale, suivant le sens normal.

» **18.** D'ailleurs, l'expérience montre que la liberté même de la surface, ou le peu de résistance du gaz extérieur aux déplacements brusques, entraîne, surtout dans les couches liquides supérieures, des perturbations incessantes, cause d'extrêmes complications dans le mode de variation des vitesses.

» Toutefois, ces perturbations et complications paraissent n'altérer les vitesses moyennes locales que de quantités peu appréciables, et en quelque sorte de second ordre de petitesse. C'est ce qu'ont prouvé des observations comparatives très précises du débit, faites par M. Bazin, dans des canaux et des tuyaux à sections rectangulaires de mêmes contours mouillés par unité d'aire et de même largeur, où il a été impossible de constater aucune influence, sur la vitesse moyenne, des perturbations signalées ([1]). Mais, comme des variations locales du second ordre de petitesse, chez une fonction de point, suffisent pour y changer de quantités du premier ordre la situation d'un maximum ou minimum, ces perturbations déplacent d'une manière très sensible le filet le plus rapide. Elles l'abaissent au-dessous de la surface, et d'autant plus que la section est moins large comparativement à sa profondeur, comme si le voisinage de cette surface libre déterminait un léger accroissement de l'agitation et du coefficient B sur le haut des parois latérales.

» Mais la suite prouvera que nous pourrons, sans grand inconvénient, négliger ces perturbations compliquées.

§ VI. — Formules du coefficient ε des frottements intérieurs dans un régime graduellement varié.

» **19.** Il ne nous reste plus, pour avoir mis complètement le problème en équation, qu'à savoir comment variera le coefficient ε des frottements intérieurs. Et d'abord les écoulements étudiés se feront à température τ constante, ce qui dispensera d'y considérer la variable τ. Quant à la densité ρ, qui n'y changera que très peu, ces légers changements le feront-

([1]) *Recherches hydrauliques, etc.* (au t. XIX du *Recueil des Savants étrangers*), pp. 176 et 177.

ils varier autant qu'ils modifient la pression élastique ou moyenne p? Des expériences de du Buat, Darcy, etc., ont prouvé, comme on sait, qu'il n'en est rien et que les frottements provoqués par les mêmes mouvements relatifs de couches fluides voisines ne sont pas plus grands sous forte pression que sous une pression presque nulle. Et on le conçoit. Car, si le fluide donné se dilate, chacun de ses groupes moléculaires s'étale dans un plus grand espace, où les écarts absolus entre la contexture interne élastique et la contexture interne effective ont plus de champ pour se produire, donc aussi plus d'amplitude, à égales rapidités de déformation; d'où suivent, entre molécules prises en même nombre, des frottements intérieurs plus forts. Mais, par contre, il y a, aux distances où les frottements se produisent, moins de molécules de part et d'autre d'un élément plan d'étendue donnée, et, par conséquent, un nombre moindre d'actions élémentaires à travers son unité de surface. L'on s'explique que ces deux causes contraires se compensent sensiblement, surtout dans les si étroites limites où varie la densité des liquides.

» Le degré d'agitation, voilà la vraie variable dont ε dépend. L'observation, même la plus superficielle, des grands écoulements, comparés à ceux qu'offrent les tubes capillaires et dont les lois ont été données par Poiseuille, montre que la valeur de ce coefficient pour des mouvements bien continus n'est presque rien par rapport à celles qu'il prend dès que l'agitation devient notable. Nous pourrons donc le supposer nul avec elle et proportionnel à chacune des circonstances quantitatives indispensables pour la produire, conformément au principe de bon sens déjà émis à propos du frottement extérieur, qui consiste à adopter dans chaque cas l'hypothèse la plus naturelle et la plus simple, sous la réserve du contrôle ultérieur de l'observation.

» **20**. Cela admis, supposons le lit de notre courant fluide assez voisin de la forme cylindrique ou prismatique pour que les vitesses moyennes locales aient pu devenir, sur une grande longueur, presque parallèles à une même direction, suivant laquelle on prendra les x positifs. Les vitesses *latérales* ou *transversales* v, w seront donc, comparativement à la vitesse *longitudinale* u, des quantités du premier ordre de petitesse, ayant leurs carrés et produits négligeables; et, comme toutes ces vitesses ne changeront dans un rapport sensible qu'au bout de temps assez longs ou sur de grands parcours, l'on pourra négliger aussi les accélérations v', w' et les dérivées de v, w en x, tandis que l'accélération longitudinale u' et la dérivée de u en x seront du premier ordre de petitesse.

» Un tel régime est dit *graduellement varié*. Nous y appellerons σ la section du fluide, sensiblement *normale*, faite parallèlement aux yz par le plan d'abscisse x, et χ le *contour mouillé* de cette section, c'est-à-dire la portion de son contour total occupée par les parois.

» **21**. L'agitation se formant surtout près de celles-ci, voyons quels éléments essentiels concourent à faire naître celle qui se produit, en un point quelconque (y, z) de χ, sur un rectangle élémentaire $d\chi\, dx$ de paroi. Et d'abord, une certaine vitesse moyenne locale à la paroi, que nous pourrons confondre avec sa composante u, y sera nécessaire; car sans cette vitesse, sans quelque énergie translatoire, aux dépens de laquelle puisse s'engendrer la demi-force vive d'agitation, celle-ci ne naîtrait pas. En effet, des expériences de Darcy, Osborne Reynolds, M. Couette, ont montré que les mouvements sont bien continus, même dans des tubes de plus d'un centimètre carré de section (mais polis), jusqu'à une limite supérieure de vitesse qui est inverse du diamètre.

» De plus, comme le prouve cette dernière loi, une certaine *ampleur* de la section, une certaine aire occupée par le fluide au devant ou en face de l'élément $d\chi$ du contour, et par unité de sa longueur $d\chi$, n'est pas moins indispensable; car elle seule donne du jeu au *ballottement* du fluide, aux mouvements oscillatoires normaux à la paroi, qui provoquent et puis entretiennent l'agitation en écartant ou rapprochant de la paroi les particules affluentes dans le voisinage et en les faisant, dès lors, par leur engrènement avec les inégalités de celle-ci tour à tour diminué et accru, tournoyer en sens divers.

» **22**. Il y a quatre cas simples où, par raison de symétrie, la vitesse à la paroi, que nous appellerons alors u_0, est la même sur tout le contour mouillé χ et où, de plus, l'aire σ de la section se répartit pareillement entre tous les éléments égaux de ce contour ou en face de chacun d'eux $d\chi$, dans l'espace qu'interceptent les normales issues de ses extrémités; de manière qu'il en corresponde à tous d'égales portions $d\sigma$ et que l'ampleur $\frac{d\sigma}{d\chi}$ soit constante, égale par conséquent au *rayon moyen* $\frac{\sigma}{\chi}$. Ce sont, d'une part, les deux cas, où l'influence des bords est négligeable, d'un canal rectangulaire très large, d'une profondeur donnée h, et d'un tuyau à section rectangulaire aussi très large, de hauteur double $2h$; d'autre part, les cas d'un tuyau circulaire, de rayon R, et d'un canal demi-circulaire de largeur 2R coulant à pleins bords.

» L'agitation créée à la paroi, ou plutôt son influence sur la valeur de ε, y sera donc proportionnelle à u_0 et au rayon moyen h ou $\frac{1}{2}$R.

» **23.** Les inégalités de la paroi, qui provoquent les ballottement et engrènement dont il vient d'être parlé, y interviendront aussi. Mais leur effet sur la masse fluide intérieure considérée ici ne sera pas localisé à une couche mince, comme il arrivait pour l'influence des mêmes inégalités sur le frottement extérieur, et il se trouvera d'autant plus amorti relativement, qu'il sera plus grand et se fera sentir plus loin à l'intérieur. Donc le degré de rugosité entrera comme facteur, dans ε, avec un exposant notablement moindre que dans le coefficient B de la formule (14). Autrement dit, ε devra être proportionnel à une puissance fractionnaire de B, et l'hypothèse la plus simple que nous puissions faire à cet égard, est de le supposer en raison directe de $\sqrt{B}$.

» A partir des parois, l'agitation se propage à l'intérieur des sections, sur des plans parallèles au fond ou aux deux bases dans les canaux et tuyaux larges de hauteur h ou $2h$, et sur des cylindres ou demi-cylindres conaxiques de rayons décroissants r dans le tuyau circulaire ou le canal demi-circulaire. Il est naturel de supposer que son degré se conserve sensiblement de couche en couche dans les deux premiers cas, où elle ne se concentre ni ne se disperse, et qu'il croît dans les deux derniers cas, où, abstraction faite de la différence de vitesse des couches, elle se concentre suivant le rapport $\frac{R}{r}$ inverse de celui de leurs aires. Enfin, l'on peut admettre à une première approximation que, dans un canal découvert, l'agitation partie du fond ou des bords se réfléchit, en arrivant à la surface libre, de manière à produire, au-dessous de celle-ci, sensiblement les mêmes effets qu'y produirait l'agitation partie de la moitié supérieure des parois, dans un tuyau plein, de même rayon moyen, dont la section comprendrait, outre la proposée σ, sa symétrique par rapport au plan de la surface libre donnée.

» Si donc nous appelons $\frac{\rho g}{k}$ un coefficient indépendant du degré de rugosité des parois, mais *pouvant varier avec la nature du fluide*, et où, pour simplifier plus loin certaines formules, nous avons mis en facteur le poids ρg de l'unité de volume, sensiblement constant, les expressions approchées de ε, dans les quatre cas simples dont il s'agit, seront

$$(15)\quad \begin{cases} \text{(section rectangulaire large)}\ \varepsilon = \dfrac{\rho g}{k}\sqrt{B}\,hu_0, \\ \text{(section circulaire ou demi-circulaire)}\ \varepsilon = \dfrac{\rho g}{k}\sqrt{B}\,\dfrac{R}{2}\,u_0\,\dfrac{R}{r}. \end{cases}$$

» **24.** Dans les cas de la section circulaire et demi-circulaire, la loi simple d'accroissement de ε vers l'axe, exprimée par le dernier facteur $\frac{R}{r}$, ne peut plus s'appliquer aux petites distances r de l'axe, où elle conduirait à supposer une agitation presque infinie, physiquement inadmissible. Mais elle n'y donne aucun frottement très grand par unité d'aire, vu que la vitesse relative du glissement moyen local des couches y décroît jusqu'à zéro, par raison de continuité et de symétrie. Aussi n'en résulte-t-il, dans le mode de distribution des vitesses, qu'une altération locale à peine perceptible. Il est toutefois désirable, en vue de l'approximation plus grande que rendent possibles les récentes observations, de corriger cette loi trop simple de la proportionnalité inverse de ε au rapport $\frac{r}{R}$; nous le ferons par la substitution, à ce rapport, d'une fonction un peu différente $\frac{r}{R} + \psi\left(\frac{r}{R}\right)$, où la petite partie inconnue $\psi\left(\frac{r}{R}\right)$ restera finie et distincte de zéro sur l'axe. Mais nous serons réduits à la déterminer par les données seules de l'expérience, dans la mesure très imparfaite que permettra leur précision (difficile cependant à surpasser). Nous remplacerons donc, *à une deuxième approximation*, la seconde formule (15) par celle-ci,

$$(16)\qquad \text{(section circulaire)}\qquad \varepsilon = \frac{\dfrac{\rho g}{k}\sqrt{B}\,\dfrac{R}{2}\,u_0}{\dfrac{r}{R} + \psi\left(\dfrac{r}{R}\right)}.$$

» **25.** Passons au cas plus général de tuyaux ayant leur contour χ d'une même forme quelconque, définie par une relation donnée entre les rapports $\frac{\chi y}{\sigma}$, $\frac{\chi z}{\sigma}$ des coordonnées y, z de leurs divers points au rayon moyen $\frac{\sigma}{\chi}$; et comprenons-y d'ailleurs celui d'un canal découvert, en imaginant alors, comme il a été indiqué ci-dessus, un tuyau de section double où le contour mouillé, double également, se composerait du proposé et de son symétrique par rapport à la surface libre. Pour donner à ces cas toute la généralité possible, supposons même le degré de rugosité ou, par suite, le coefficient B du frottement extérieur, variables avec la génératrice considérée de la paroi, c'est-à-dire en fonction arbitraire de $\frac{\chi y}{\sigma}$ et $\frac{\chi z}{\sigma}$.

» Ici la vitesse à la paroi, encore réductible à sa composante u, ne sera plus constante le long du contour mouillé χ; mais nous pourrons admettre avec quelque approximation qu'elle y varie d'une *certaine* manière ou, autrement dit, en appelant u_0 sa valeur en un endroit déterminé, par exemple au point le plus bas de σ, qu'elle est partout ailleurs le produit de u_0 par une fonction toujours la même de $\frac{\chi y}{\sigma}$, $\frac{\chi z}{\sigma}$. L'ampleur $\frac{d\sigma}{d\chi}$ au devant de chaque élément $d\chi$ du contour, entre les deux normales menées à ses extrémités et prolongées jusqu'à la rencontre de la surface libre ou du plus grand diamètre (dans une section elliptique), n'égalera plus $\frac{\sigma}{\chi}$, mais bien le produit de $\frac{\sigma}{\chi}$ par une autre fonction de $\frac{\chi y}{\sigma}$, $\frac{\chi z}{\sigma}$. Le *rayon moyen* $\frac{\sigma}{\chi}$ sera cependant comme sa valeur moyenne, puisqu'il exprimera *le volume fluide existant, dans le courant, par unité de surface des parois*, ou l'aire de section normale par unité de longueur du contour mouillé.

» Les trois facteurs distincts u, $\frac{d\sigma}{d\chi}$, $\frac{\rho g}{k}\sqrt{B}$, caractérisant l'agitation engendrée près de $d\chi$, auront donc pour produit l'expression $\frac{\rho g}{k}\sqrt{B_0}\frac{\sigma}{\chi}u_0$, multipliée encore par une fonction analogue. Et comme enfin l'agitation, à partir des parois, se transmettra dans la masse en se concentrant ou se disséminant suivant les mêmes proportions aux points homologues de l'intérieur, ou en se réfléchissant de même aux points homologues des surfaces-limites, il est naturel qu'on puisse exprimer le rapport de sa valeur en chaque point (y, z) de σ à ce qu'elle est au point du fond où B et u sont B_0 et u_0, par une certaine fonction *positive* de la forme $F\left(\frac{\chi y}{\sigma}, \frac{\chi z}{\sigma}\right)$, la même pour toutes les sections dont il s'agit. Il viendra donc, comme généralisation des formules (15) et (16),

$$\varepsilon = \frac{\rho g}{k}\sqrt{B_0}\frac{\sigma}{\chi}u_0 F\left(\frac{\chi y}{\sigma}, \frac{\chi z}{\sigma}\right). \tag{17}$$

» Nous aurons plus loin à considérer le produit des deux fonctions, censées connues, $\frac{B}{B_0}$, $\left(\frac{u}{u_0}\right)^2$, prises aux divers points du contour mouillé χ. En appelant f ce produit positif, qui se réduit à l'unité dans les cas des formules (15) et (16), nous poserons ainsi

$$(18) \qquad \text{(sur le contour mouillé } \chi) \qquad \frac{B}{B_0}\left(\frac{u}{u_0}\right)^2 = f\left(\frac{\chi y}{\sigma}, \frac{\chi z}{\sigma}\right).$$

§ **VII. — Équations d'un tel régime indispensables pour traiter le cas particulier du régime uniforme.**

» **26.** Portons l'expression (17) du coefficient de frottement intérieur dans les formules (12) des forces N, T, où les D, G ont d'ailleurs les valeurs (2). La petitesse du coefficient ε rendra négligeables les termes où il multipliera des dérivées de u, v, w, autres que celles de u en y, z, les seules de grandeur notable. Il viendra donc

$$(19) \quad \begin{cases} N_x = N_y = N_z = -p, \qquad T_x = 0, \qquad T_y = \varepsilon\frac{du}{dz}, \qquad T_z = \varepsilon\frac{du}{dy}, \\ \text{avec} \qquad \varepsilon = \frac{\rho g}{k}\sqrt{B_0}\frac{\sigma}{\chi}u_0 F\left(\frac{\chi y}{\sigma}, \frac{\chi z}{\sigma}\right). \end{cases}$$

» On en déduit d'abord aisément, à raison de la petitesse des angles faits par les normales à la surface-limite avec les plans des yz ou des sections σ, que la pression exercée sur la masse fluide par un élément quelconque de sa couche superficielle ne comprend de sensible, à part une partie principale valant $-p$ et perpendiculaire à la surface, qu'un *frottement*, dirigé à très peu près suivant les x négatifs, et exprimé par $-\varepsilon\frac{du}{dn}$, où $\frac{du}{dn}$ est la dérivée de u suivant une petite normale dn tirée, dans le plan de la section σ, sur son contour, à partir du point intérieur voisin que l'on considère. Si β désigne l'angle de cette normale, menée ainsi vers le dehors, avec les y positifs, on a

$$(20) \qquad \frac{du}{dn} = \frac{du}{dy}\cos\beta + \frac{du}{dz}\sin\beta.$$

» Près d'une surface libre, le frottement étant nul, la fonction u vérifiera donc la condition $\frac{du}{dn} = 0$ et p égalera la pression constante donnée de l'atmosphère contiguë. Près d'une paroi, où le frottement est régi par la formule (14), il viendra pour u, vu finalement (18), la condition

$$(21) \qquad \varepsilon \frac{du}{dn} = -\rho g B u^2 = -\rho g B_0 u_0^2 f\left(\frac{\chi y}{\sigma}, \frac{\chi z}{\sigma}\right).$$

» **27**. Voyons maintenant ce que deviennent les équations indéfinies (13) et, d'abord, les deux dernières. Les dérivées en x de T_z, T_y, qui y figurent, auront, d'après (19), à l'un de leurs deux termes, le facteur ε en même temps que la dérivée très petite de u en x (différentiée en y ou z), et, à l'autre, la dérivée même de ε en x, d'un ordre de petitesse plus élevé que celui de ε à raison de la graduelle variation supposée du régime. Ces dérivées de T_z, T_y seront donc négligeables, et, comme les accélérations transversales v', w' le sont aussi, les deux dernières équations (13), débarrassées de tout terme rappelant le mouvement, signifieront que la pression moyenne p varie hydrostatiquement sur toute l'étendue de la section normale σ. *S'il y a une surface libre*, où p devra égaler la pression *constante* de l'atmosphère, *son profil en travers*, limite supérieure de σ, *sera* donc *horizontal*.

» **28**. Dans tous les cas, la dérivée en x de p, ou de $-N_x$, indépendante de y et z, se réduit à celle de la pression moyenne p_0, mesurée le long de l'axe des x, entre les deux sections normales d'abscisses x, $x+dx$. Nous supposerons qu'on prenne cet axe, tangent, dans le cas d'un tuyau, à l'élément même ds, compris entre ces deux sections, de l'axe du tuyau, et, dans le cas d'un canal découvert, à l'élément analogue ds d'une coupe longitudinale de la surface libre, telle qu'elle est à l'époque t. Alors, si, par analogie avec p_0, l'on appelle $\mathcal{E}_0$ l'*altitude* des divers points de l'axe du tuyau ou de la coupe longitudinale de la surface libre, la dérivée $-\frac{d\mathcal{E}_0}{ds}$ sera la *pente* de l'élément ds, sinus de son angle avec le plan horizontal [1], et l'on aura, dans la première équation (13), $X = -g\frac{d\mathcal{E}_0}{ds}$. Par suite, dans cette première équation (13), la somme des deux termes en N_x et en X, divisés par ρg, pourra s'écrire simplement $-\frac{d}{ds}\left(\mathcal{E}_0 + \int \frac{dp_0}{\rho g}\right)$; et, dans le

[1] En Hydraulique c'est ce sinus, non la tangente correspondante, qu'il y a lieu de considérer, et auquel il convient de réserver le nom de *pente* : il reste le mot *inclinaison* pour désigner la tangente.

cas d'un canal découvert (où $p_0 = \text{const.}$), elle ne sera autre chose que la *pente de superficie*, cause unique de l'écoulement lorsqu'il devient uniforme. Donnons, en général, à cette expression, *indépendante de y et de z*, le nom de *pente motrice*, et désignons-la, suivant l'usage, par I, en posant ainsi

$$\text{(22)} \qquad I = -\frac{d}{ds}\left(h_0 + \int \frac{dp_0}{\rho g}\right).$$

» La première équation (13), divisée elle-même par ρg, sera l'équation indéfinie en u,

$$\text{(23)} \qquad \frac{d}{dy}\left(\frac{\varepsilon}{\rho g}\frac{du}{dy}\right) + \frac{d}{dz}\left(\frac{\varepsilon}{\rho g}\frac{du}{dz}\right) + I = \frac{u'}{g}.$$

» **29.** Pour la rendre, ainsi que les conditions aux limites, indépendante des dimensions absolues de la section, prenons comme variables, au lieu de y, z, les coordonnées η, ζ du point homologue de (y, z) dans une section de rayon moyen 1, et appelons $d\nu$ la petite normale homologue de dn dans cette section. Autrement dit, posons

$$\text{(24)} \qquad \eta = \frac{\chi y}{\sigma}, \quad \zeta = \frac{\chi z}{\sigma}; \quad \text{d'où} \quad \frac{d}{dy} = \frac{\chi}{\sigma}\frac{d}{d\eta}, \quad \frac{d}{dz} = \frac{\chi}{\sigma}\frac{d}{d\zeta} \quad \text{et} \quad \frac{d}{dn} = \frac{\chi}{\sigma}\frac{d}{d\nu}.$$

» En même temps, substituons à ε sa valeur (19) et divisons chaque équation par le facteur, indépendant de y et z, qui lui donne la forme la plus simple. Nous aurons

$$\text{(25)} \qquad \frac{d}{d\eta}\left[F(\eta,\zeta)\frac{d\frac{u}{u_0}}{d\eta}\right] + \frac{d}{d\zeta}\left[F(\eta,\zeta)\frac{d\frac{u}{u_0}}{d\zeta}\right] + \frac{k}{\sqrt{B_0}}\frac{\sigma}{\chi}\frac{I}{u_0^2} = \frac{k}{\sqrt{B_0}}\frac{\sigma}{\chi}\frac{u'}{g u_0^2},$$

$$\text{(26)} \qquad \text{(sur le contour)} \qquad F(\eta,\zeta)\frac{d\frac{u}{u_0}}{d\nu} = -k\sqrt{B_0}\,f(\eta,\zeta).$$

» Ces relations sont complètement indépendantes du choix des axes. En effet, leurs deux seuls termes qui paraissent en dépendre, savoir, les deux premiers de (25), si l'on y effectue les différentiations en η, ζ, puis qu'on y introduise les paramètres différentiels Δ_1, Δ_2 des deux premiers ordres des fonctions de point qui y figurent, reviennent ensemble à

$$F\,\Delta_2\frac{u}{u_0} + \Delta_1 F\,\Delta_1\frac{u}{u_0}\cos\lambda,$$

où λ désigne l'angle des deux normales aux courbes $F = \text{const.}$, $\frac{u}{u_0} = \text{const.}$

» Il suffit de supposer $f(\eta, \zeta) = 0$ à la surface libre, pour que la condition (26) au contour comprenne celle qui régit u sur une telle surface. L'on voit d'ailleurs que cette dernière condition sera satisfaite d'elle-même, si l'on peut former la solution pour le cas d'un tuyau plein ayant sa section composée de la proposée et de sa symétrique par rapport à son bord supérieur (ou profil en travers horizontal de la surface libre), avec symétrie de structure des parois de part et d'autre; car la fonction de point u y prendra naturellement mêmes valeurs de part et d'autre de cette droite, sur laquelle s'annulera dès lors sa dérivée suivant le sens normal, continue dans tout l'intérieur du contour total 2χ.

» **50.** La vitesse absolue u_0, au point du contour où $B = B_0$, s'obtient en appliquant le principe des quantités de mouvement, suivant les x, à la tranche fluide comprise entre les deux sections d'abscisses x, $x + dx$, ou, ce qui revient au même, en multipliant (25) par $d\sigma = \frac{\sigma^2}{\chi^2} d\eta\, d\zeta$ et puis intégrant dans toute l'étendue de la section σ, sans négliger de convertir les deux premiers termes, à la manière ordinaire, en intégrales sur le contour de σ, que la relation (26) conduit à ne prendre que pour la partie mouillée χ de ce contour. L'introduction sous les signes $\int$ des rapports $\frac{d\chi}{\chi}$, $\frac{d\sigma}{\sigma}$, indépendants des dimensions absolues de σ, donne enfin, après quelques transformations évidentes,

$$(27) \qquad B_0 u_0^2 \int_\chi f(\eta, \zeta) \frac{d\chi}{\chi} = \frac{\sigma}{\chi}\left(I - \int_\sigma \frac{u'}{g} \frac{d\sigma}{\sigma}\right).$$

» Le coefficient de u_0^2, dans le premier terme, est tout connu, puisque la fonction $f(\eta, \zeta)$ s'y trouve donnée en η ou ζ le long du contour mouillé χ. Cette formule fera donc connaître u_0 dès que la pente motrice I et les accélérations u' seront données. Puis le système (25), (26) déterminera complètement le rapport $\frac{u}{u_0}$, déjà égal à 1 au point du contour mouillé où $B = B_0$; et, par suite, il déterminera la vitesse u pour tous les points de la section. En effet, s'il pouvait admettre deux solutions distinctes, leur différence, que j'appellerai $\mu(\eta, \zeta)$, vérifierait évidemment les deux équations

$$\frac{d}{d\eta}\left(F \frac{d\mu}{d\eta}\right) + \frac{d}{d\zeta}\left(F \frac{d\mu}{d\zeta}\right) = 0, \qquad \text{(sur le contour)} \qquad F \frac{d\mu}{d\nu} = 0.$$

Or la première, multipliée par $\mu\, d\eta\, d\zeta$, et intégrée par parties dans toute l'étendue d'une section, en y détachant à la manière ordinaire des intégrales prises sur le contour, donne, vu la seconde, un premier membre tout composé d'éléments non positifs, et dont l'annulation identique exige que l'on pose $\mu = \text{const.}$ dans tout l'intérieur de la section. Or cette différence μ s'annule au point où $B = B_0$ et où elle se réduit à $1 - 1$. Donc elle s'annule partout.

§ VIII. — Lois générales du régime uniforme dans des lits semblables à grande section.

» **31.** Mais bornons-nous au cas du *régime uniforme*, où sont nulles les accélérations moyennes locales u'. Alors l'équation (27) se réduit à

$$B_0 u_0^2 \int_\chi f(\eta, \zeta) \frac{d\chi}{\chi} = \frac{\sigma}{\chi} I. \tag{28}$$

Servons-nous-en pour éliminer la pente motrice I de (25), et puis divisons (25) et (26) par $k\sqrt{B_0}$. Le système (25), (26) ne contiendra plus comme fonction inconnue, au lieu de $\frac{u}{u_0}$, que l'expression $\frac{1}{k\sqrt{B_0}}\left(\frac{u}{u_0} - 1\right)$, tenue de s'annuler au point du contour mouillé où $B = B_0$; et, d'ailleurs, dans ces équations (25), (26) qui la déterminent, il ne figurera plus ni $k\sqrt{B_0}$, ni le rayon moyen. La nouvelle fonction inconnue dépendra donc uniquement des deux coordonnées relatives η, ζ. Désignons-la par $F_1(\eta, \zeta)$; ce qui revient à poser, comme formule exprimant le mode de distribution des vitesses,

$$\frac{u}{u_0} = 1 + k\sqrt{B_0}\, F_1(\eta, \zeta); \tag{29}$$

et la fonction F_1 sera définie par le système

$$\left\{\begin{aligned} &\frac{d}{d\eta}\left(F \frac{dF_1}{d\eta}\right) + \frac{d}{d\zeta}\left(F \frac{dF_1}{d\zeta}\right) + \int_\chi f \frac{d\chi}{\chi} = 0, \\ &(\text{sur le contour})\ F \frac{dF_1}{d\nu} = -f,\quad (\text{au point de } \chi \text{ où } B = B_0)\ F_1 = 0. \end{aligned}\right. \tag{30}$$

» **32.** Prenons les moyennes des deux membres de (29) dans toute l'étendue de la section σ; et, en appelant U la vitesse moyenne ou vitesse de débit, $\mathfrak{M}F_1$ la valeur moyenne de $F_1(\eta, \zeta)$ dans toute cette étendue, il viendra

$$(31) \qquad \frac{U}{u_0} = 1 + k\sqrt{B_0}\,\mathfrak{M}F_1,$$

équation qui permet d'éliminer u_0 de (28) et de relier ainsi la vitesse moyenne U au produit de la pente motrice I par le rayon moyen. Si nous appelons $\mathfrak{M}f$, dans (28), la valeur moyenne de $f(\eta, \zeta)$ le long du contour mouillé χ et que nous posions, pour abréger,

$$(32) \qquad b = \frac{B_0\,\mathfrak{M}f}{(1 + k\sqrt{B_0}\,\mathfrak{M}F_1)^2}, \qquad \text{ou} \qquad \frac{1}{\sqrt{b}} = \frac{1}{\sqrt{\mathfrak{M}f}}\frac{1}{\sqrt{B_0}} + \frac{k\,\mathfrak{M}F_1}{\sqrt{\mathfrak{M}f}},$$

nous aurons ainsi la formule usuelle des hydrauliciens,

$$(33) \qquad bU^2 = \frac{\sigma}{\chi}I, \qquad \text{ou} \qquad U = \frac{1}{\sqrt{b}}\sqrt{\frac{\sigma}{\chi}I}.$$

» D'après la seconde relation (32), l'inverse de $\sqrt{b}$, c'est-à-dire le coefficient indiquant combien de fois la vitesse U contient la racine carrée du produit de la pente par le rayon moyen, se compose d'une première partie réciproquement proportionnelle à $\sqrt{B_0}$, ou variable en sens contraire du degré de rugosité des parois, et d'une autre partie indépendante de ce degré. L'étude des cas simples d'une section rectangulaire large et d'une section circulaire ou demi-circulaire, entre lesquels se trouvent à peu près compris tous ceux de la pratique, nous montrera que ce coefficient, ou même l'inverse b de son carré, est peu variable avec la forme de la section.

» **33.** Si u_m désigne la vitesse maxima, et η_0, ζ_0 les coordonnées relatives du point de σ où elle se produit, la formule (29), retranchée de ce qu'elle devient en ce point, puis divisée par $\sqrt{B_0\,\mathfrak{M}f}$, donnera, vu l'égalité de $u_0\sqrt{B_0\,\mathfrak{M}f}$ à $U\sqrt{b}$ d'après (28) et (33),

$$(34) \qquad \left\{ \begin{aligned} \frac{u_m - u}{U\sqrt{b}} &= \frac{k}{\sqrt{\mathfrak{M}f}}[F_1(\eta_0, \zeta_0) - F_1(\eta, \zeta)] \\ &= \frac{k}{\sqrt{\mathfrak{M}f}}\left[F_1(\eta_0, \zeta_0) - F_1\left(\frac{\chi y}{\sigma}, \frac{\chi z}{\sigma}\right)\right]. \end{aligned} \right.$$

» Cette relation, où les deux derniers membres sont indépendants du degré absolu de rugosité des parois, a précisément la forme de celle que l'ensemble des observations a suggérée à Darcy et à M. Bazin pour représenter le mode de variation des vitesses aux divers points des sections ([1]).

([1]) *Ces lois ne s'étendent qu'exceptionnellement au cas de lits dissemblables.*

Toutefois, M. Bazin a cru pouvoir l'étendre aux cas où l'on fait varier la forme même de la section par l'agrandissement de y et z dans deux rapports différents; ce qui, étant supposée l'homogénéité des parois, donnerait une seule formule pour toutes les sections elliptiques, une seule pour toutes les sections rectangulaires, etc. (*Recherches hydrauliques*, p. 245). Or, quand il s'agit d'écoulements *bien continus* à l'intérieur de tubes soit elliptiques, soit rectangulaires, une intégration exacte est possible, comme on peut voir par les paragraphes V et VI d'un Mémoire *Sur l'influence des frottements dans les mouvements réguliers des fluides*, au t. XIII (année 1868) du *Journal de Mathématiques pures et appliquées*, de Liouville. Et l'on reconnaît qu'alors le quotient $\frac{u_m - u}{U}$, ou, par suite, le quotient $\frac{u}{U}$, ne dépendent bien, en effet, dans le tube elliptique, que des rapports de y, z aux demi-dimensions correspondantes b, c de la section, mais qu'ils dépendent, en outre, dans le tube rectangulaire, du rapport même $\frac{c}{b}$ de ces demi-dimensions entre elles. Or s'ils sont, de la sorte, pour la section rectangulaire, fonctions de trois variables dans le cas le plus simple, à plus forte raison doivent-ils l'être dans les autres, c'est-à-dire quand le mouvement devient tumultueux ou agité.

Voici, du reste, une démonstration presque intuitive de ce fait, que, dans le cas de mouvements bien continus, le rapport $\frac{u_m - u}{U}$ ne comporte pas une expression de la forme $\varphi(\eta, \zeta)$, avec $\eta = \frac{y}{b}$, $\zeta = \frac{z}{c}$ et les paramètres b, c arbitraires, sauf quand la section du tube considéré est elliptique. Comme l'équation indéfinie (23) revient alors, vu la constance de ε et dans l'hypothèse $u' = 0$, à poser $\Delta_2 u = \text{const.}$, ou, par suite, $\Delta_2 \varphi = \text{const.}$, la substitution, à y et à z, des variables supposées η, ζ de la fonction φ donne

$$\frac{1}{b^2}\frac{d^2\varphi}{d\eta^2} + \frac{1}{c^2}\frac{d^2\varphi}{d\zeta^2} = \text{const.}$$

Or, différentions cette dernière relation, soit en η, soit en ζ; puis faisons alternativement tendre vers zéro, dans les résultats, l'inverse de c^2 et celui de b^2. Il viendra

$$\frac{d^3\varphi}{(d\eta^3,\ d\eta^2 d\zeta,\ d\eta\, d\zeta^2,\ d\zeta^3)} = 0.$$

Donc la fonction φ a ses dérivées partielles troisièmes nulles, et elle est un polynome du second degré. Or elle ne peut vérifier la condition à la paroi, savoir $u = 0$ dans le cas considéré de mouvements bien continus, que si l'on a $\varphi = \text{const.}$ sur tout le contour de la section du tube. Par conséquent, ce contour, d'ailleurs fermé, a son équation, $\varphi = \text{const.}$, du second degré en η, ζ, et il se réduit à une ellipse.

Enfin, si l'on appelle K la valeur moyenne du second membre dans toute l'étendue de σ, il vient, pour relier la vitesse moyenne U à la vitesse maxima u_m, la formule de M. Bazin,

$$(35)\qquad \frac{u_m - U}{U\sqrt{b}} = K, \qquad \text{ou} \qquad u_m - U = K\sqrt{bU^2} = K\sqrt{\frac{\sigma}{\chi}I}.$$

» Nous verrons que K a des valeurs notablement différentes dans les deux cas simples d'une section rectangulaire large et d'une section circulaire ou demi-circulaire; il est donc beaucoup plus variable que b avec la forme de la section, comme l'a, du reste, indiqué l'expérience.

» **34.** La formule (29) montre que les inégalités relatives de vitesse aux divers points varient, avec le degré absolu de rugosité, proportionnellement à $\sqrt{B_0}$. Donc, en toute rigueur, nous n'aurions pas dû admettre la forme simple $f(\eta, \zeta)$ pour l'expression $\frac{B}{B_0}\left(\frac{u}{u_0}\right)^2$ le long du contour mouillé χ, à moins de faire varier, sur chaque génératrice de la paroi, $\frac{B}{B_0}$ en raison inverse des valeurs qu'y prend $\left(\frac{u}{u_0}\right)^2$ quand B_0 change. Or alors une nouvelle difficulté proviendrait de ce que, les degrés relatifs de rugosité aux divers points ne restant plus les mêmes, l'agitation dans l'intérieur se distribuerait autrement et la fonction $F(\eta, \zeta)$ changerait. Mais, pour des formes très diverses de la section, le rapport $\frac{u}{u_0}$ varie *bien moins* avec η, ζ et par suite, d'après (29), avec $\sqrt{B_0}$, *le long du contour mouillé* χ, *que dans l'intérieur*, puisque même il s'y réduit à 1 dans les cas élémentaires de tuyaux ou canaux rectangulaires larges et circulaires ou demi-circulaires, à parois homogènes. *On peut* donc, pour toutes les formes dont il s'agit, *supposer ce rapport à très peu près indépendant de* B_0, *sur le contour mouillé* χ, *entre de bien plus larges limites de variation de* $\sqrt{B_0}$ *qu'on ne le pourrait dans l'intérieur;* et cela suffit pour justifier en pratique les formules précédentes([1]).

([1]) D'après les distributions de vitesses, et la forme des courbes d'égale vitesse près de la paroi, observées par M. Bazin dans des tuyaux et canaux à sections rectangulaires (peu larges), trapézoïdales, triangulaires, etc. (Atlas des *Recherches hydrauliques*, Planches XVIII, XXI et XXIII), le rapport $\frac{u}{u_0}$ le long du contour mouillé χ ne s'éloigne pas beaucoup de l'unité, même pour des formes très différentes de celles d'un cercle, d'un demi-cercle ou d'un rectangle de largeur indéfinie; car la courbe

» Si l'on voulait plus de précision, il faudrait regarder le rapport en question comme inconnu, et donner au second membre de (26) la forme $-k\sqrt{B_0}f(\eta,\zeta)\left(\frac{u}{u_0}\right)^2$, où $f(\eta,\zeta)$ désignerait $\frac{B}{B_0}$. Mais alors cette condition au contour ne serait plus linéaire, et le problème, même en attribuant à $F(\eta,\xi)$ les expressions les plus simples, comme 1, par exemple, deviendrait inabordable, sauf par des procédés d'approximation ou d'interpolation, dans lesquels on ne s'astreindrait qu'à peu près à vérifier la condition au contour [1]. Et il y aurait même encore, comme ci-dessus, à faire varier la fonction $F(\eta,\zeta)$, sur laquelle se répercutent les changements survenus dans le rapport des vitesses aux divers points de la paroi, non moins que ceux du rapport des rugosités.

§ IX. — Du régime uniforme, quand la largeur et la profondeur sont insuffisantes pour que l'agitation masque entièrement l'effet des frottements réguliers.

» **35.** Nous avons admis jusqu'ici, dans le fluide, une ampleur et une agitation tourbillonnaire suffisantes pour que la partie tant du frottement extérieur que du coefficient ε des frottements intérieurs, due à cette agitation, excède dans une forte proportion celle qui subsisterait seule avec des mouvements bien continus, où les vitesses moyennes locales seraient du même ordre. C'est un cas extrême ou limite, relativement simple, opposé au cas plus simple encore de mouvements bien continus, accessible théoriquement depuis Navier et expérimentalement résolu par Poiseuille. Il y a lieu de supposer que, dans le cas intermédiaire, moins abordable, mais très usuel, de rayons moyens ou de vitesses moyennes assez faibles pour que l'agitation masque en majeure partie les effets du frottement régulier sans les annihiler, les lois de l'écoulement s'écartent un peu des précédentes, dans le sens indiqué par celles de Poiseuille.

» C'est surtout la vitesse moyenne U, dont se déduit le débit, qui offre

---

d'égale vitesse dont l'équation est, suivant les cas, $u=0,8\,U$ ou $u=0,7\,U$ suit de près le contour mouillé, d'un bout à l'autre, du moins quand le degré de rugosité n'est pas énorme.

(1) Voir, au sujet de ces procédés qui peuvent être parfois utiles, le n° **450*** de mon *Cours d'Analyse infinitésimale pour la Mécanique et la Physique* (*Calcul intégral, Compléments*, p. 419*).

de l'intérêt. Or, d'après la formule (33) qui la donne, le produit $b = I\frac{\sigma}{\chi}\frac{1}{U^2}$ de la pente motrice par le rayon moyen et par l'inverse du carré de la vitesse est constant, tandis que les lois de Poiseuille font ce même produit, lorsqu'on en élimine la pente I, réciproquement proportionnel (pour chaque forme de section) au rayon moyen et à la vitesse U. Donc, dans le cas intermédiaire considéré ici, b croîtra avec les inverses de ces deux quantités; et, s'ils sont assez petits, son développement par la formule de Mac-Laurin, réduit à la partie linéaire, sera, en appelant α ce qui reste de b quand ils s'annulent, et β, β' deux coefficients positifs,

$$(36) \qquad b \text{ ou } I\frac{\sigma}{\chi}\frac{1}{U^2} = \alpha\left(1 + \beta\frac{\chi}{\sigma} + \beta'\frac{1}{U}\right).$$

» **36.** Les hydrauliciens, jugeant sans doute le trinome trop complexe dans cette formule, ont supprimé l'un des deux derniers termes. C'est le dernier, en β', qu'ils avaient conservé d'abord; mais Darcy et M. Bazin ont reconnu que l'approximation était bien meilleure en gardant, au contraire, le précédent, et ils ont posé $\beta' = 0$, mais α, β croissants avec le degré de rugosité des parois. Par exemple, la seconde et le mètre étant les unités de temps et de longueur, Darcy trouve $\alpha = 0{,}0002535$, $\beta = 0{,}00638$, dans le cas de tuyaux circulaires en fer étiré ou en fonte lisse, et M. Bazin, $\alpha = 0{,}00015$, $\beta = 0{,}03$ pour les canaux à parois très unies, mais $\alpha = 0{,}00028$, $\beta = 1{,}25$ pour les canaux en terre et les grands cours d'eau ([1]).

([1]) *Raison probable pour laquelle le coefficient b de la formule du régime uniforme dépend alors beaucoup plus du rayon moyen que de la vitesse moyenne, à moins que le rayon moyen ne devienne extrêmement petit.*

Il est naturel que chaque degré de rugosité de la paroi exige une certaine ampleur de section, une certaine grandeur minima du rayon moyen $\frac{\sigma}{\chi}$, en rapport avec ce degré, pour que le coefficient B du frottement extérieur se réduise à la valeur constante figurant dans notre formule (14). Au-dessous du rayon moyen minimum dont il s'agit, si l'écoulement reste néanmoins assez rapide par l'effet d'une pente motrice convenable, le courant, manquant en quelque sorte de place pour son passage, doit laisser moins de *fluide mort* entre les aspérités de son lit, les contourner ainsi plus profondément ou plus complètement, et y produire des chocs plus forts, à égalité de la vitesse de translation. De là, sans doute, dans l'expression du coefficient de frottement extérieur B et, par suite, d'après la première formule (32), dans le numérateur du coefficient usuel b, l'augmentation qu'exprime proportionnellement le second terme du facteur

§ X. — Retour au cas des grandes sections : lois spéciales aux sections rectangulaires larges et circulaires ou demi-circulaires.

» **37.** Passons maintenant aux cas particulièrement intéressants où la vitesse à la paroi peut être supposée constante.

---

binôme $1 + 3\frac{\chi}{\sigma}$, augmentation inverse du rayon moyen et fortement croissante avec le degré de rugosité.

L'introduction de ce facteur binôme s'explique donc autrement et mieux que par une tendance lointaine, dès lors vague, de l'écoulement vers les lois de Poiseuille. On observe vraiment une tendance vers ces lois, bien accusée, c'est-à-dire une diminution assez notable de l'agitation pour amener un régime intermédiaire entre celui des grandes sections et celui des petits tubes, quand, dans l'hypothèse de parois polies ou modérément rugueuses, on a des rayons moyens de quelques centimètres seulement et des vitesses allant environ de $0^m,1$ à 1^m. Mais alors le produit $I\frac{\sigma}{\chi}\frac{1}{U^2}$ garde à peu près, comme dans les deux régimes extrêmes considérés, la forme $\gamma\left(\frac{\chi}{\sigma}\frac{1}{U}\right)^m$, avec un coefficient constant γ et un exposant m égal à $\frac{1}{2}$, c'est-à-dire justement moyen entre les deux valeurs 0 et 1 qui correspondent à ces deux régimes. Les variables $\frac{1}{U}$, $\frac{\chi}{\sigma}$, au lieu de s'y séparer comme dans la formule (36), continuent donc à n'y figurer que par leur produit, ou à peu près. Et l'on a

$$I\frac{\sigma}{\chi}\frac{1}{U^2} = \gamma\sqrt{\frac{\chi}{\sigma}\frac{1}{U}}, \qquad \text{ou} \qquad I\left(\frac{\sigma}{\chi}\frac{1}{U}\right)^{\frac{3}{2}} = \gamma, \qquad U = \gamma^{-\frac{2}{3}}\frac{\sigma}{\chi}I^{\frac{2}{3}}.$$

La vitesse moyenne est proportionnelle au rayon moyen et à la puissance $\frac{2}{3}$ de la pente motrice. Ce cas intermédiaire s'est présenté, dans les *Recherches hydrauliques* de M. Bazin, pour les quatre séries d'expériences **28**, **29**, **30** et **31** (p. 103 à 106), faites sur un petit canal rectangulaire de $0^m,1$ de largeur, poli dans les deux premières séries, rendu rugueux par un revêtement en forte toile dans les deux dernières. Le coefficient γ y était très sensiblement 0,00004 dans le premier cas $\left(\text{où les expériences ont donné en moyenne } I\frac{\sigma}{\chi}\frac{1}{U} = 0{,}000193 \text{ pour } I = 0{,}0047,\ I\frac{\sigma}{\chi}\frac{1}{U} = 0{,}000290 \text{ pour } I = 0{,}0152\right)$, et environ, mais d'une manière moins précise, 0,000115 dans le second cas $\left(\text{où elles ont donné } I\frac{\sigma}{\chi}\frac{1}{U} = 0{,}000421 \text{ pour } I = 0{,}0081, \text{ et } I\frac{\sigma}{\chi}\frac{1}{U} = 0{,}000656 \text{ pour } I = 0{,}0152\right)$. Le quotient $\gamma^{\frac{2}{3}}$ de l'expression $I\frac{\sigma}{\chi}\frac{1}{U}$, que considère M. Bazin, par $I^{\frac{1}{3}}$, était donc 0,00117 dans le canal poli et environ 0,00236, ou le double, dans le canal rugueux.

» Le plus simple est celui d'une section rectangulaire large, suivant la profondeur $2h$ ou h de laquelle nous dirigerons vers le bas l'axe des z, à partir du centre s'il s'agit d'un tuyau de hauteur intérieure $2h$, et à partir de la surface libre s'il s'agit d'un canal découvert de profondeur h. Le premier cas, vu la symétrie des vitesses de part et d'autre du diamètre ou de la médiane parallèle aux y, se ramène au second, plus pratique, où z ne varie que de zéro à h, et où la dérivée de u en z s'annule aussi pour $z = 0$, en vertu de la condition spéciale à la surface libre. Bornons-nous donc à ce cas.

» La largeur est supposée assez grande pour que F_1 ne dépende pas, dans (30), de la première variable η; et l'autre variable, ζ, y représente le rapport de z au rayon moyen h, c'est-à-dire la distance des divers points à la surface libre en prenant pour unité la profondeur totale. D'ailleurs, la première formule (15) de ε donne $F = 1$ dans le système (30), où l'on a déjà $f = 1$, $B_0 = B$ et enfin, pour $\zeta = 1$, $d\tau = d\zeta$, $F_1 = 0$. Il vient donc immédiatement $F_1 = \frac{1}{2}(1 - \zeta^2)$, $\mathfrak{M} F_1 = \frac{1}{2}(1 - \frac{1}{3}) = \frac{1}{3}$; et les formules (32), (34), (35) sont

$$(37) \qquad \frac{1}{\sqrt{b}} = \frac{1}{\sqrt{B}} + \frac{k}{3}, \qquad \frac{u_m - u}{U\sqrt{b}} = \frac{k}{2}\zeta^2 = \frac{k}{2}\frac{z^2}{h^2}, \qquad \frac{u_m}{U} = 1 + \frac{k}{6}\sqrt{b}.$$

» L'avant-dernière est précisément celle que M. Bazin a obtenue par l'observation des vitesses à diverses profondeurs, sur une verticale équidistante des deux bords, dans un grand nombre de canaux dont la largeur, il est vrai, contenant seulement de 5 à 8 fois la profondeur, était insuffisante pour qu'on pût négliger l'action retardatrice du frottement des bords sur la vitesse maxima u_m au milieu de la surface. Le coefficient, 20 environ, qui y affectait ζ^2, est donc moindre que $\frac{1}{2}k$; de sorte que le nombre k de nos formules doit excéder assez sensiblement 40.

» **38.** Supposons actuellement qu'il s'agisse d'un tuyau circulaire ou, ce qu'on sait revenir au même, d'un canal demi-circulaire coulant à pleins bords, avec $B = B_0$, c'est-à-dire avec homogénéité des parois dans les deux cas. Appelons τ le rapport, au rayon R, de la distance r à l'axe, ou de $\sqrt{y^2 + z^2}$: autrement dit, posons

$$(38) \qquad \tau = \frac{1}{2}\sqrt{\eta^2 + \zeta^2}; \qquad \text{d'où} \qquad \frac{d\tau}{d\eta} = \frac{\eta}{4\tau}, \qquad \frac{d\tau}{d\zeta} = \frac{\zeta}{4\tau}.$$

» Les fonctions F, F_1 dépendront uniquement de τ; et la première d'entre elles, F_1 sera, d'après (16), l'inverse de $\iota + \psi(\iota)$. D'ailleurs, f se réduisant à l'unité, tandis que $d\nu$, ou $d\sqrt{\eta^2+\zeta^2}$ (à la limite $\iota = 1$), ne sera autre chose que $2\,d\iota$, le système (30) deviendra aisément

$$(39)\quad \begin{cases} \dfrac{1}{4\iota}\dfrac{d}{d\iota}\left[\dfrac{\iota}{1+\psi(\iota)}\dfrac{dF_1}{d\iota}\right]+1=0, \\ \dfrac{1}{1+\psi(1)}\dfrac{dF_1}{d\iota}=-2 \quad (\text{pour } \iota=1), \qquad F_1=0 \quad (\text{pour } \iota=1). \end{cases}$$

» La première, multipliée par $4\iota\,d\iota$, s'intègre immédiatement, à une constante arbitraire près que détermine la seconde. Après quoi, une nouvelle intégration donne, vu la troisième relation (39),

$$(40)\quad F_1=\tfrac{2}{3}(1-\iota^3)+2\int_\iota^1 \psi(\iota)\iota\,d\iota \quad \text{ou} \quad F_1=\tfrac{2}{3}(1-\iota^3)+\Psi(1)-\Psi(\iota),$$

en posant, pour abréger,

$$(41)\qquad \Psi(\iota)=2\int_0^\iota \psi(\iota)\iota\,d\iota.$$

» Telle est la valeur qu'il faudra substituer à $F_1(\eta,\zeta)$ dans les relations (32) à (35), et dont la moyenne $\mathfrak{M}F_1$ s'obtiendra, comme celle de toute autre fonction de ι aux divers points d'un cercle $\int \pi\, d.\iota^2$ de rayon $\iota = 1$, en multipliant par $d.\iota^2 = 2\iota\,d\iota$ et intégrant de zéro à 1. Si l'on observe que la vitesse maxima u_m se produit, par raison de symétrie, sur l'axe $\iota = 0$, les formules (32), (34), (35) deviendront

$$(42)\quad \begin{cases} \dfrac{1}{\sqrt{b}}=\dfrac{1}{\sqrt{B}}+k\left[\dfrac{2}{5}+\Psi(1)-2\displaystyle\int_0^1 \Psi(\iota)\iota\,d\iota\right], \\ \dfrac{u_m-u}{U\sqrt{b}}=k\left|\tfrac{2}{3}\iota^3+\Psi(\iota)\right|, \qquad \dfrac{u_m}{U}=1+k\left[\dfrac{4}{15}+2\displaystyle\int_0^1 \Psi(\iota)\iota\,d\iota\right]\sqrt{b}. \end{cases}$$

§ **XI**. — **Confrontations expérimentales et réflexions diverses.**

» **39**. Mais bornons-nous d'abord à l'approximation, presque satisfaisante déjà, où l'expression de ε est la seconde (15); ce qui revient à prendre $\psi(r) = 0$, $\Psi(r) = 0$. Alors ces formules (42), où nous diviserons toutefois la deuxième par $\sqrt{2}$, se réduisent à

$$(43)\qquad \frac{1}{\sqrt{b}}=\frac{1}{\sqrt{B}}+\frac{2k}{5}, \qquad \frac{u_m-u}{U\sqrt{2b}}=\frac{\sqrt{2}}{3}k\frac{r^3}{R^3}, \qquad \frac{u_m}{U}=1+\frac{4k}{15}\sqrt{b}.$$

» La seconde de celles-ci sera précisément celle que M. Bazin a obtenue par l'observation des canaux découverts demi-circulaires, si l'on pose (les unités de temps et de longueur étant la seconde et le mètre)

$$(44) \qquad \frac{\sqrt{2}}{3} k = 21 \qquad \text{ou} \qquad k = \frac{63\sqrt{2}}{2} = 44,55 \qquad \text{et} \qquad \frac{k}{2} = 22,27.$$

» On obtient donc, pour le coefficient $\frac{1}{2}k$ de ζ^2 dans la seconde formule (37), la valeur 22,27, supérieure à 20, comme on l'avait prévu. Toutefois, M. Bazin avait été conduit, par un ensemble d'inductions paraissant assez motivées, à le prendre encore un peu plus fort, jusqu'à 24 environ (¹); c'est bien la valeur que nous lui trouverons à la deuxième approximation.

» **40.** De plus, l'inverse de $\sqrt{b}$, qui indique combien de fois la vitesse moyenne contient la racine carrée du produit de la pente par le rayon moyen, est, d'après les premières formules (43) et (37) comparées, plus grand dans la section circulaire que dans la section rectangulaire large, mais seulement de $\frac{1}{15}k = 2,97$ ou environ 3 unités; ce qui est peu de chose comparativement au plus petit de ces inverses, dont une assez bonne moyenne, fournie par la valeur usuelle de b pour les grands cours d'eau, 0,0004, attribuée à Tadini, est 50. Donc, pour deux formes de section aussi différentes que la forme rectangulaire large et la forme circulaire ou demi-circulaire, entre lesquelles se placent la plupart de celles de la pratique, les valeurs de b diffèrent à peine; et il est dès lors naturel que l'observation les donne presque les mêmes que celles-là, que celle de la première formule (37) en particulier, dans tous les cas de sections rectangulaires, trapézoïdales, triangulaires, etc., affectées d'angles où se fait sentir plus que dans le cercle l'influence retardatrice des parois.

» **41.** Toutefois, d'après les anciennes observations de M. Bazin (²), l'écart entre les deux valeurs de l'inverse de $\sqrt{b}$, pour des sections rectangulaires larges et circulaires ou demi-circulaires, devrait être un peu supérieur à 2,97, et probablement voisin de 5.

» En effet, malgré la difficulté qu'on éprouve à réaliser des tuyaux ou

(¹) *Recherches expérimentales*, etc., ou *Recherches hydrauliques*, p. 233.

(²) Mêmes *Recherches expérimentales*, etc., p. 98 à 102 et 424 à 435.

canaux de ces deux formes, avec des parois *assez homogènes* pour que les inégalités accidentelles de leur degré de rugosité ne produisent pas, dans l'inverse de $\sqrt{b}$, des variations comparables à celle qu'entraîne la dissemblance même des sections, cependant deux des séries d'expériences de M. Bazin, faites sur des canaux à parois polies (respectivement en ciment et en planches), ses séries n°s 24 et 26, permettent jusqu'à un certain point la comparaison dont il s'agit ici, principalement la série 26 où le rayon R atteignait $0^m,70$, la plus complète, et signalée par M. Bazin comme de beaucoup la plus régulière. Servons-nous donc, pour déterminer l'écart considéré, des six dernières observations de la série 26, savoir, de celles où la profondeur de l'eau excédait sous l'axe les $\frac{3}{4}$ du rayon R et où, par suite, la forme demi-circulaire était le mieux admissible. Les valeurs de b y varient (p. 102) de 0,000200 à 0,000185, tandis qu'elles auraient varié de 0,000235 à 0,000221 dans certaines sections rectangulaires passablement larges expérimentées par M. Bazin. Leurs deux moyennes respectives sont 0,000193 et 0,0002272, donnant, comme racines carrées de leurs inverses, 71,98 et 66,34. Or la différence de ces deux nombres est 5,64, presque identique à la moyenne, 5,64 ..., des six différences analogues (comprises entre 4,91 et 6,25) fournies séparément par les six observations.

» Et si, pour avoir plus de résultats à combiner en vue d'éliminer les anomalies accidentelles, on prend, tant dans cette série 26 que dans la série 24, toutes les observations où la profondeur de l'eau sous l'axe atteignait au moins les $\frac{2}{3}$ du rayon R, observations au nombre de huit dans la série 26 et de sept dans la série 24, alors les valeurs de b varient respectivement de 0,000211 à 0,000185 et de 0,000245 à 0,000221 dans la série 26, de 0,000153 à 0,000137 et de 0,000169 à 0,000165 dans la série 24, en ayant les deux moyennes générales 0,0001723, 0,0002009, auxquelles correspondent, comme racines carrées de leurs inverses, 76,18 et 70,55. Or la différence de ceux-ci, 5,63, s'écarte bien peu des valeurs précédentes, 5,64; et elle se confond presque aussi avec la moyenne, 5,66..., des quinze différences analogues, calculées séparément d'après les résultats de chacune des observations.

» La vraie grandeur de l'écart considéré serait donc environ 5,64, si les valeurs de b, obtenues par M. Bazin pour ses canaux rectangulaires de plus grande largeur (2^m), étaient rigoureusement applicables à notre cas théorique d'une largeur infinie. Mais on voit, par un tableau relatif aux valeurs expérimentales comparées de b dans des lits rectangulaires plus ou moins larges en planches ([1]), que, du moins pour des rayons moyens n'excédant pas $0^m,25$, b décroît légèrement quand la largeur grandit; et qu'il se rapproche ainsi de sa valeur dans le cercle, de manière à diminuer alors l'écart entre les inverses de leurs racines carrées. Donc cet écart doit, à la limite, être un peu au-dessous de 5,64, d'une fraction assez sensible, pourtant, de sa valeur ([2]), et approcher environ de 5. Les nouvelles expériences de M. Bazin nous permettront de reconnaître qu'il en est bien ainsi ([3]).

([1]) Mêmes *Recherches expérimentales*, etc., p. 97 (séries 18, 19, 20).

([2]) Car une augmentation relative d'un centième et demi seulement, sur l'inverse de $\sqrt{b}$ dans le rectangle, réduit l'écart d'une unité.

([3]) *Grande variabilité relative du coefficient b avec la forme de la section, dans les écoulements bien continus, et exemples divers de sections où ce coefficient y est plus petit que dans le cercle.*

Il semble qu'on aurait dû, contrairement à ce qu'a montré l'expérience, trouver pour b dans les sections rectangulaires peu larges des valeurs moindres que dans une section rectangulaire infiniment large, afin que ces valeurs moindres fussent comprises entre celles qui concernent le rectangle infiniment large et le cercle ou le demi-cercle; car toutes les sections usuelles de dimensions (longueur et largeur) comparables, paraissent être en quelque manière, pour la forme, intermédiaires entre ces dernières. Cependant un fait contraire à la même prévision se produit, mais en sens inverse, dans le cas d'écoulements bien continus (régis par les lois de Poiseuille), la valeur de b pouvant, quand une section rectangulaire se rétrécit, y décroître au-dessous même de ce qu'elle est dans le cercle.

Alors, en effet, l'intégration est effectuable, comme l'on a dit plus haut (à la note de la page 28), quand la section est soit elliptique, soit rectangulaire, donc, en particulier, quand elle est ou circulaire, ou carrée, ou rectangulaire infiniment large; et aussi dans une infinité d'autres cas, notamment pour un tube à section triangulaire équilatérale. On peut voir, à ce sujet, la fin (p. 48) du Mémoire cité *Sur l'influence des frottements dans les mouvements réguliers des fluides*, Mémoire où sont d'ailleurs évalués, aux §§ V et VI (p. 12 à 18), les débits pour les sections elliptiques et rectangulaires; et l'on peut consulter aussi la XLVe de mes Leçons d'*Analyse infinitésimale pour la Mécanique et la Physique*, aux *Compléments de Calcul intégral* (p. 402* à 426*).

Or si, dans les formules trouvées grâce à ces intégrations pour la vitesse moyenne U, et où figure le plus naturellement l'aire σ comme variable exprimant l'influence de la grandeur des sections, l'on introduit au lieu de cette aire le rayon moyen $\frac{\sigma}{\chi}$, en fonction duquel s'évaluent plus ou moins aisément σ et le contour mouillé χ, l'expression

» **42.** Les dernières formules (37) et (43) montrent que le rapport de la vitesse maxima u_m à la vitesse moyenne U excède très inégalement l'unité suivant la forme de la section, puisque cet excédent varie dans le rapport de $\frac{1}{8}$ à $\frac{1}{5}$, ou de 5 à 8, quand la section devient, de rectangulaire large, circulaire ou demi-circulaire. Aussi, les deux valeurs respectives 7,42 et 11,88 que prend alors, d'après les relations (37) et (43), le nombre K de la formule générale (35), sont-elles, surtout la première, assez éloignées de la valeur, 14, attribuée à ce coefficient par M. Bazin comme moyenne d'un grand nombre de valeurs, fort divergentes en effet, observées dans des sections relativement peu larges de formes variées.

---

de b, c'est-à-dire du produit $I\frac{\sigma}{\chi}\frac{1}{U^2}$, en U et $\frac{\sigma}{\chi}$, devient, avec un coefficient purement numérique γ,

$$b = \gamma \frac{\varepsilon}{\rho g} \frac{1}{U} \frac{\chi}{\sigma};$$

ce qui donne, comme formule de la vitesse moyenne,

$$U = \frac{1}{\gamma} \frac{\rho g}{\varepsilon} \left(\frac{\sigma}{\chi}\right)^2 I.$$

Et la valeur de γ est 3 pour la section rectangulaire infiniment large, 2 pour la section circulaire, 1,778... pour la section carrée, $\frac{5}{3}$ ou 1,667 pour la section triangulaire équilatérale. Enfin, ce coefficient varie de 2 à $\frac{\pi^2}{4} = 2,467$ dans les sections elliptiques de plus en plus aplaties, et il croît de 1,778 à 3 dans les diverses sections rectangulaires de plus en plus larges, la valeur 2 (relative au cercle) correspondant, dans ce dernier cas, à un rectangle dont la base serait environ 2,28 fois la hauteur.

Ainsi, b est plus grand pour le rectangle infiniment large que pour le cercle, comme dans un écoulement agité. Il est d'ailleurs plus petit pour le carré que pour le rectangle, et, dans chaque catégorie étudiée de sections, il croît avec la largeur relative, contrairement à ce qui a lieu, d'après l'observation des canaux rectangulaires, dans le cas des grandes sections et d'un écoulement agité, mais conformément à ce qui aurait assez semblé devoir être, comme on a remarqué plus haut. Seulement on est surpris de voir que, pour les sections triangulaires équilatérales, carrées et rectangulaires d'une largeur inférieure à 2,28 fois la hauteur, ce coefficient b diminue même jusqu'à sortir de l'intervalle compris entre ses deux valeurs 3 et 2 relatives au rectangle infiniment large et au cercle. Il est surtout difficile de ne pas regarder comme paradoxal que ces deux ou trois sortes de sections donnent de plus grandes vitesses moyennes que le cercle, à égalité de pente motrice et de rayon moyen, tant on est

» **45.** Remarquons encore que la vitesse moyenne U doit, d'après les deux dernières formules (43), se trouver réalisée (ou égaler u), pour $\tau = \sqrt[3]{0,4} = 0,7378$, c'est-à-dire aux $\frac{74}{100}$ environ des rayons R. Or, les récentes observations de M. Bazin montrent que c'est très sensiblement aux $\frac{3}{4}$ des rayons, c'est-à-dire pour $\tau = 0,75$. Nous verrons, en effet, que la mise en compte de la petite fonction $\Psi(\tau)$ accroît d'un peu plus que 0,01 la valeur théorique approchée $\sqrt[3]{0,4}$.

---

habitué à voir la figure circulaire surpasser toutes les autres en effets produits, à raison même de sa génération uniforme. On arrive, il est vrai, à une conclusion différente quand on compare les sections à égalité d'aire et non plus à égalité de rayon moyen; car alors le cercle, avec son rayon moyen maximum, reprend sa supériorité sur les autres formes et donne le plus fort débit ou la plus forte vitesse moyenne U, tandis que la section triangulaire équilatérale est, au contraire, du moins parmi les formes polygonales régulières, celle qui, à raison de son moindre rayon moyen, donne la plus faible vitesse moyenne ou le plus petit débit.

Les paradoxes apparents signalés ici, dans les lois des écoulements tant continus qu'agités, sont dus à l'impossibilité, pour une variable unique, même aussi bien choisie que l'est le rayon moyen, d'exprimer *à elle seule* les influences multiples qu'ont sur la vitesse moyenne la *grandeur* de la section et sa *figure*. Pour certaines formes de celle-ci, le rayon moyen évalue par excès la somme de ces influences, et alors la quantité b reçoit ses moindres valeurs, tandis que, pour d'autres formes, il l'évalue trop peu, ce qui oblige à prendre b plus élevé. Malheureusement, un moyen général de discerner *a priori* ces formes diverses nous fait défaut.

Comme on pouvait le prévoir pour le cas considéré des écoulements bien continus, où les vitesses des filets fluides, nulles au contour mouillé χ, sont extrêmement inégales, le coefficient b varie entre d'assez larges limites avec la forme de la section, savoir, tout au moins dans le rapport de $\frac{5}{3}$ (valeur de γ pour le triangle équilatéral) à 3 (valeur de γ pour le rectangle infiniment large), ou, par conséquent, dans le rapport de 5 à 9. Et cependant toutes ces variations ne vont pas du simple au double, alors que le rapport des deux dimensions dans les formes ainsi comparées varie de 1 à l'infini, et que les vitesses moyennes U, à égalité soit des aires σ, soit des contours χ, y décroissent depuis certains maximums jusqu'à zéro. Cela prouve que le rayon moyen constitue une excellente variable pour représenter tout à la fois, *dans la mesure du possible*, l'influence complexe, sur la vitesse moyenne que prend un courant fluide, tant de la forme que de la grandeur de son lit.

§ XII. — Lois de deuxième approximation du régime uniforme dans un tuyau circulaire, telles qu'elles résultent des récentes observations de M. Bazin.

» **44.** Mais passons justement, grâce aux récentes expériences de M. Bazin, à cette approximation plus élevée pour le cas de la section circulaire ou demi-circulaire. Les expériences dont il s'agit ont consisté dans la mesure des vitesses, par le tube de Pitot-Darcy, au centre et aux $\frac{1}{8}$, $\frac{2}{8}$, $\frac{3}{8}$, $\frac{4}{8}$, $\frac{5}{8}$, $\frac{6}{8}$, $\frac{7}{8}$, $\frac{15}{16}$ des rayons R, dans une conduite en ciment très lissé (donnant $b = 0,000166$), de $0^m,80$ de diamètre et 80^m de longueur, sur les 40 derniers mètres où régnait l'uniformité du régime; car le rapport de u_m à U y était invariable, 1,1675 à très peu près (¹).

» Comme nous déterminons notre coefficient k par la comparaison de la deuxième formule (42) aux résultats d'observation, et que le terme principal $\frac{2}{3}k\eta^3$, seul connu de forme théoriquement, du second membre de cette formule, doit exprimer le mieux possible la fonction empirique de η (voisine de $21\sqrt{2\eta^3}$) indiquée par les expériences pour représenter le second membre tout entier, il sera naturel de réduire au minimum d'importance le terme correctif $k\Psi(\eta)$, *en annulant sa valeur moyenne par un choix convenable de k*. Et les formules (42) acquerront d'ailleurs ainsi leur plus haut degré de simplicité; car l'intégrale définie qui y figure s'évanouira.

» Mais, d'abord, divisons la seconde équation (42) par $\sqrt{2}$, comme nous avons fait pour avoir la deuxième (43), et appelons $21\eta^3 + \Phi(\eta)$ l'expression empirique du second membre, ou $\Phi(\eta)$ la petite correction indiquée par les nouvelles expériences à l'expression approchée $21\eta^3$ obtenue antérieurement. Nous aurons

$$(45)\qquad \frac{u_m - u}{U\sqrt{2b}} = \frac{\sqrt{2}}{3}k\eta^3 + \frac{k}{\sqrt{2}}\Psi(\eta) = 21\eta^3 + \Phi(\eta).$$

» Les très nombreuses différences $u_m - u$ de vitesse, obtenues par

(¹) C'est au milieu et aux trois quarts de la longueur qu'ont eu lieu les observations utilisées ici; au premier quart, après un parcours de vingt-cinq fois le diamètre, le rapport de u_m à U n'était encore que 1,12.

M. Bazin aux diverses distances relatives r de l'axe ([1]), donnent (en moyenne), comme valeurs observées de $\Phi(\mathrm{r})$,

$$(46)\quad \left\{\begin{array}{llllllllll} \text{Pour} & \mathrm{r}=0 & 0,125 & 0,250 & 0,375 & 0,500 & 0,625 & 0,750 & 0,875 & 0,9375, \\ & \Phi(\mathrm{r})=0 & 0,34 & 0,77 & 1,18 & 1,50 & 1,47 & 0,30 & -0,58 & 0,34. \end{array}\right.$$

» On remarquera leur petitesse, en fractions de la vitesse moyenne U, c'est-à-dire quand on les multiplie par $\sqrt{2b} = 0,0182$. La plus forte d'entre elles, 1,50, ne correspond en effet, dans la différence $u_m - u$, qu'à 0,027 U, ou à moins de $\frac{3}{100}$ de la vitesse moyenne. Une grande précision dans les mesures était donc nécessaire, même simplement pour déceler l'existence de la petite fonction $\Phi(\mathrm{r})$.

» **45**. Attribuons à $\Phi(\mathrm{r})$ une expression entière, la plus simple possible qui prenne sensiblement les valeurs (46). On voit qu'elle devra s'annuler non seulement pour $\mathrm{r} = 0$, mais aussi, environ, pour $\mathrm{r} = 0,78$ et pour $\mathrm{r} = 0,92$, c'est-à-dire pour $r = 0,85 \pm 0,07$, et admettre, par conséquent, le facteur du second degré

$$(0,78 - \mathrm{r})(0,92 - \mathrm{r}) = (0,85 - \mathrm{r})^2 - 0,0049.$$

» En outre, d'après la valeur de $\psi(\mathrm{r})$ que donne la relation (41) différentiée, savoir

$$(47)\qquad \psi(\mathrm{r}) = \frac{\Psi'(\mathrm{r})}{2\mathrm{r}},$$

la fonction $\Psi(\mathrm{r})$ contiendra le facteur r^2, pour que $\psi(\mathrm{r})$ reste fini et différent de zéro au centre $\mathrm{r} = 0$, comme il le faut dans l'expression (16) du coefficient ε de frottement intérieur, qui ne doit y devenir ni nul, ni infini. Donc aussi, d'après (45), $\Phi(\mathrm{r})$ aura le facteur r^2.

» Essayons, par conséquent, si une fonction de la forme

$$(48)\qquad \Phi(\mathrm{r}) = m\mathrm{r}^n[(0,85 - \mathrm{r})^2 - 0,0049],$$

où n vaudrait 2, pourra convenir. Toutefois, laissons-y l'exposant n encore indéterminé : car, d'après les valeurs empiriques (46) de $\Phi(\mathrm{r})$, cette

(1) Les vitesses au centre elles-mêmes étaient données par la moyenne de plusieurs mesures, prises, l'une, au centre, et, quatre autres, au seizième de la longueur de quatre rayons en croix.

fonction doit devenir maxima vers le milieu du cinquième intervalle, pour x voisin de 0,56; et s'il fallait un exposant n plus élevé que 2 pour satisfaire à cette condition, on devrait l'adopter de préférence dans (48), afin de reproduire le mieux possible l'ensemble des valeurs (46), et sauf à compléter (48) par une expression analogue où n égalerait 2, afin de tenir compte des circonstances spéciales à la région centrale, c'est-à-dire aux petites valeurs de x.

» Or, c'est précisément ce qui a lieu. En formant la dérivée de (48), on trouve qu'elle s'annule, abstraction faite des racines $x = 0$, pour les deux valeurs de x qui donnent

$$(49)\quad \begin{cases} (0,85 - x)\left(0,85 - \frac{n+2}{n}x\right) = 0,0049, \\ \text{ou}\qquad n = \frac{2x(0,85 - x)}{(0,85 - x)^2 - 0,0049}. \end{cases}$$

» Substituons à x la valeur approchée 0,56 que nous devons obtenir pour une des racines, et il viendra $n = 4,1010$. On aurait, en excluant les valeurs de n fractionnaires, $n = 4$ pour $x = 0,5556$, $n = 3$ pour $x = 0,5016$, $n = 2$ pour $x = 0,4193$, etc. La situation du maximum se rapproche de l'origine $x = 0$ à mesure que l'exposant n décroît; et il faudra le prendre égal à 4, pour que l'adjonction, à (48), d'une expression de même forme, mais à faible coefficient positif et où $n = 2$, place le maximum encore assez près de $x = 0,56$, un peu en deçà, toutefois, de la valeur $x = 0,5556$. Nous poserons donc, avec deux coefficients indéterminés, l, m,

$$(50)\qquad \Phi(x) = (lx^2 + mx^4)[(0,85 - x)^2 - 0,0049].$$

» **46.** Si nous connaissions bien la situation du maximum, c'est-à-dire la valeur de x qui annule la dérivée $\Phi'(x)$, l'expression de cette dérivée, formée en y séparant les termes en l des termes en m, nous donnerait, par son annulation,

$$(51)\qquad \frac{l}{m} = 2x^2\,\frac{(0,85 - x)(0,85 - \frac{3}{2}x) - 0,0049}{(0,85 - x)(2x - 0,85) + 0,0049};$$

et le calcul numérique du second membre nous permettrait d'éliminer l de (50), où il ne resterait dès lors d'arbitraire que le principal coefficient m.

» Mais il est bien rare que la situation d'un maximum puisse être déterminée empiriquement d'une manière précise; en sorte que nous devrons renoncer à déterminer ainsi aucun de nos deux coefficients l, m.

» **47**. Calculons, par (50), les valeurs $\Phi(0,125)$, $\Phi(0,250)$, ..., $\Phi(0,875)$, $\Phi(0,9375)$, dont l'avant-dernière seule, comme la valeur correspondante observée (46), sera négative; et prenons-les en grandeur absolue, pour en former les excédents sur les valeurs absolues observées 0,34, 0,77, ..., 0,58, 0,34. Dans les expressions de ces excédents, les coefficients respectifs de l seront

0,00814 0,02219 0,03104 0,02940 0,01786 0,00287 0,00327 0,00242,

et, ceux de m,

0,000127 0,001387 0,004365 0,007350 0,006977 0,001614 0,002506 0,002129.

» Or, il n'y a aucune raison pour que nous rendions les écarts ainsi formés plutôt positifs que négatifs. Nous déterminerons donc notre principale inconnue, m, en annulant leur somme algébrique

$$0,11719\,l + 0,026455\,m - 6,49.$$

Il vient ainsi

$$m = 245,28 - 4,43\,l; \tag{52}$$

et les écarts considérés sont alors

$$(53)\quad \begin{cases} -0,31+0,00757\,l, & -0,43+0,01605\,l, & -0,11+0,01170\,l, & 0,30-0,00316\,l, \\ 0,24-0,01305\,l, & 0,09-0,00428\,l, & 0,04-0,00783\,l, & 0,18-0,00701\,l. \end{cases}$$

» **48**. Une valeur approchée de l s'obtiendra en annulant de même la somme algébrique des trois premiers, relatifs aux petites distances x, c'est-à-dire à celles où doit dominer, dans $\Phi(x)$, l'influence du terme en x^2 et, par suite, des termes en l. D'ailleurs, en se bornant ainsi aux trois premiers écarts (53), on prend justement tous ceux où le coefficient de l est affecté du signe +; et l'on forme la même équation en l que si l'on annulait la somme de tous les autres (où les coefficients de l sont négatifs), puisque les expressions (53) ont leur somme générale égale à zéro quel que soit l. On trouve $l = 24,1$; et les écarts (53) deviennent

−0,12 −0,04 0,17 0,22 −0,08 −0,01 −0,15 0,02.

» Le plus fort est le quatrième, 0,22, qui varie, d'après (53), en sens inverse de l. Pour le rendre moins sensible, il faut faire croître l, jusqu'à ce que cet écart décroissant soit atteint en valeur absolue par un autre qu'on reconnaît facilement être le troisième, 0,17, croissant avec l d'après (53). La valeur la plus avantageuse de l résultera donc de l'égalité des troisième et quatrième expressions (53) : ce sera $l = 27,6$. Alors les écarts (53), ainsi réduits le plus possible, seront

$$(54) \qquad -0,10 \quad 0,01 \quad 0,21 \quad 0,21 \quad -0,12 \quad -0,02 \quad -0,18 \quad -0,01.$$

» Les plus grands d'entre eux, 0,21, correspondent à un écart, sur les différences correspondantes $u_m - u$ de vitesse, égal seulement à

$$(0,21)(0,0182)\,U = 0,0038\,U,$$

ou moindre que 4 millièmes de la vitesse moyenne et très inférieur aux erreurs d'observation, vu surtout que celles-ci peuvent, sur la différence $u_m - u$ obtenue au moyen des deux mesures distinctes de u_m et de u, atteindre le double de leur grandeur possible dans u_m ou dans u.

» Les valeurs ainsi calculées de l et, par suite, d'après (52), de m, savoir

$$(55) \qquad l = 27,6, \qquad m = 123,01,$$

font donc reproduire par l'expression (50) de $\Phi(r)$ tous les résultats observés. On peut même y comprendre la valeur $\Phi(1) = 2,65$, comparée au nombre 2,41, que M. Bazin a obtenu par extrapolation, en prolongeant au sentiment, jusqu'à l'abscisse $x = 1$, la courbe graphique qui reliait le mieux ces résultats (46).

» **49.** Alors l'expression (50), développée en polynome et portée dans le troisième membre de (45), donne

$$(56) \quad \left\{ \begin{aligned} &\frac{\sqrt{2}}{3} k x^3 + \frac{k}{\sqrt{2}} \Psi(x) \\ &= 19,81x^2 - 25,92x^3 + 115,88x^4 - 209,13x^5 + 123,01x^6. \end{aligned} \right.$$

» Prenons la valeur moyenne des deux membres, en intégrant de zéro à 1 leur produit par $2x\,dx$; et souvenons-nous que nous choisissons k de manière à rendre la petite fonction $\Psi(x)$ nulle en moyenne. Il viendra

$$(57) \qquad \frac{2\sqrt{2}}{15} k = 9,165; \qquad \text{d'où} \qquad k = 48,60, \qquad \frac{k}{2} = 24,30.$$

» Et la formule (45) sera

$$(58) \qquad \frac{u_m - U}{U\sqrt{2b}} = 22,91x^3 + 34,37\,\Psi(x),$$

avec

$$(59)\quad \Psi(\iota) = 0,576\iota^2 - 1,421\iota^3 + 3,372\iota^4 - 6,085\iota^5 + 3,579\iota^6 \text{ (}^1\text{)}.$$

---

(1) On peut se demander ce qu'auraient été, au lieu de (46), les valeurs expérimentales de $\Phi(\iota)$, y compris même le résultat d'extrapolation $\Phi(1) = 2,41$ indiqué tout à l'heure, si les anciennes expériences de M. Bazin avaient conduit à prendre du premier coup la nouvelle valeur 48,6 de k; ce qui aurait donné, dans le troisième membre de (45), $22,91\iota^3$ au lieu de $21\iota^3$, comme terme de première approximation. Il suffit, pour le voir, de retrancher $1,91\iota^3$ des précédentes valeurs de $\Phi(\iota)$, et l'on a sensiblement, au lieu du Tableau (46),

(46 *bis*)											
Pour	$\iota = 0$	0,125	0,250	0,375	0,500	0,625	0,750	0,875	0,9375	1.
»	$\Phi(\iota) = 0$	0,34	0,74	1,08	1,26	1,00	−0,51	−1,86	−1,23	0,50.

L'écart $\Phi(\iota)$ maximum de l'expérience d'avec le résultat théorique de première approximation, ne se produit plus à la paroi, pour $\iota = 1$, mais aux $\frac{7}{8}$ environ des rayons, et il correspond, dans le tuyau expérimenté, à la fraction $0,0182 \times 1,86 = 0,03385$ de la vitesse moyenne, c'est-à-dire sensiblement au *trentième*. Avec l'ancienne valeur 21 du coefficient, la fraction analogue était, à la paroi, $0,0182 \times 2,41 = 0,04386$, ou $\frac{1}{24}$ environ de la vitesse moyenne.

On pourrait déterminer k de manière, non pas à annuler, comme dans (58) et (46 *bis*), la moyenne des valeurs de $\Psi(\iota)$ ou de $\Phi(\iota)$, mais à réduire autant que possible leurs fortes valeurs, en égalant le plus grand écart $\Psi(\iota)$ positif, celui qui a lieu pour $\iota = 0,5$, au plus grand écart négatif (se présentant pour $\iota = 0,875$). Il vient ainsi $k = 47$. En admettant que cette valeur eût été justement celle de première approximation, l'on aurait, comme troisième membre de (45), $22,16\iota^3 + \Phi(\iota)$, et les écarts $\Phi(\iota)$ constituant la seconde approximation seraient ceux du Tableau (46) diminués de $1,16\iota^3$, savoir les suivants :

(46 *ter*)										
Pour	$\iota = 0$	0,125	0,250	0,375	0,500	0,625	0,750	0,875	0,9375	1.
»	$\Phi(\iota) = 0$	0,34	0,75	1,12	1,36	1,19	−0,19	−1,36	−0,61	1,25.

Ici, les plus fortes valeurs de $\Phi(\iota)$ ne correspondent qu'à un écart, sur les vitesses observées, égal à la fraction $0,0182 \times 1,36 = 0,02475$, ou inférieur au $\frac{1}{40}$ de la vitesse moyenne U. D'ailleurs le coefficient $\frac{1}{2}k$ figurant dans la seconde formule (37) prend la valeur 23,5, très voisine de celle, 23,7, à laquelle M. Bazin avait été conduit (*Recherches hydrauliques*, p. 233) et qu'il avait supposée pouvoir être portée jusqu'à 24. Enfin, vu (56), les premières formules (37) et (42) donnent alors 4,81 pour l'écart entre les deux valeurs de l'inverse de $\sqrt{b}$ dans les sections rectangulaire large et circulaire.

Ces résultats paraissent à peu près aussi satisfaisants que ceux du texte. Mais l'hypothèse d'une valeur moyenne nulle pour $\Psi(\iota)$ semble être rationnellement préférable, comme propre à donner un coefficient k moins influencé par les erreurs accidentelles d'observation.

» Enfin, cette dernière, ou mieux (56), donnant $\Psi(1) = 0,0215$, les première et troisième formules (42) deviendront

$$(60)\qquad \frac{1}{\sqrt{b}} = \frac{1}{\sqrt{B}} + k\left(\frac{2}{5} + 0,0215\right), \qquad \frac{u_m}{U} = 1 + \frac{4k}{15}\sqrt{b} = 1 + 12,96\sqrt{b}.$$

§ **XIII. — Conséquences générales qui s'en déduisent, pour le régime uniforme tant dans ces sections que dans les sections rectangulaires larges.**

» **30.** La dernière de celles-ci (60) garde sa forme de première approximation; mais, comme k y a grandi de $48,60 - 44,55 = 4,05$, le coefficient de $\sqrt{b}$, dans le rapport de $u_m - U$ à U, devient 12,96, au lieu de 11,88. En mettant d'ailleurs pour $\sqrt{b}$ sa valeur 0,0129 relative au tuyau d'expériences, il vient, pour ce rapport, 0,1672, résultat pratiquement identique à celui de l'observation 0,1675. De plus, la substitution de U à u et de $12,96\sqrt{b}\,U$ à $u_m - U$, dans (45), donne l'équation $9,164 = 21r^3 + \Phi(r)$, dont on trouve, après quelques tâtonnements, que la racine est $r = 0,7510$. En d'autres termes, cette formule indique bien, comme nous l'avions annoncé plus haut et conformément à l'expérience, que la vitesse moyenne se réalise aux trois quarts des rayons R.

» Quant à la première formule (60), comparée à la première (37), elle donne pour l'écart des deux inverses respectifs de $\sqrt{b}$, dans les sections circulaire ou demi-circulaire et rectangulaire large, non plus $\frac{1}{15}k$, mais $(\frac{1}{15} + 0,0215)k = 0,0882k$, où k est maintenant plus grand de 4,05. Aussi cet écart devient-il 4,29 environ, au lieu de 2,97; et il est assez voisin de 5, ou d'accord avec ce que suggère l'observation, comme on l'a vu [1].

» Enfin, le coefficient, $\frac{1}{2}k$, de la seconde formule (37) représentant la distribution des vitesses dans la section rectangulaire large, a maintenant la valeur 24,30, sensiblement égale à celle, 24, que diverses inductions basées sur l'expérience avaient indiquée comme probable à M. Bazin.

---

[1] Il serait encore plus grand si, posant, dans (45), $k\Psi(r) = \sqrt{2}\,\Phi(r)$, on gardait le coefficient k de première approximation, c'est-à-dire $k = 44,55$; il aurait justement alors sa valeur expérimentale, 5,64, obtenue plus haut, mais non pas précisément pour le cas limite où la section rectangulaire devient infiniment large.

» **51.** Quand on prend, avec Tadini, $b = 0{,}0004$ dans la section rectangulaire large, la première équation (37), où $\frac{1}{3}k = 16{,}2$, donne, pour l'inverse de $\sqrt{B}$, $50 - 16{,}2 = 33{,}8$; et il vient $B = 0{,}0008753$. Alors le coefficient $\frac{\sqrt{B}}{k}$, dans les expressions (15) à (17) de ε, est $0{,}0006088$. Quant à b dans la section circulaire, il a pour valeur $0{,}0003393$, ou $0{,}00034$ en nombre rond. Enfin, d'après la relation $Bu_0^2 = bU^2$ et les dernières formules (37), (60), les quotients de la vitesse moyenne U et de la vitesse à la paroi u_0 par la vitesse maxima u_m sont alors, respectivement, 0,86 et 0,58 pour la section rectangulaire large, 0,81 et 0,50 pour la section circulaire ou demi-circulaire.

§ XIV. — Expression la plus approchée possible du coefficient ε de frottement dans les tuyaux circulaires.

» **52.** L'expression empirique (59) de $\Psi(\mathfrak{r})$, destinée à relier le mieux possible de faibles résultats d'observation atteignant presque en petitesse la limite des erreurs admissibles, ne peut guère être différentiée, vu le peu de précision avec lequel s'y trouve déterminée en chaque point la direction de la courbe qui la représente; et il est, surtout, presque illusoire d'extrapoler sa dérivée jusqu'à la limite $\mathfrak{r} = 1$, où $\Psi(\mathfrak{r})$ varie le plus vite. Faisons-le cependant, pour obtenir tout au moins quelques indications sur la fonction $\psi(\mathfrak{r})$ que définit (47) et, par suite, sur le coefficient ε de frottement intérieur, dont la valeur égale, d'après (16), le quotient, par $\mathfrak{r} + \psi(\mathfrak{r})$, de celle qui est relative à un canal rectangulaire large pour même vitesse à la paroi et même rayon moyen. Il viendra

$$(61)\qquad \psi(\mathfrak{r}) = 0{,}576 - 2{,}131\mathfrak{r} + 6{,}744\mathfrak{r}^2 - 15{,}213\mathfrak{r}^3 + 10{,}738\mathfrak{r}^4.$$

» A la limite $\mathfrak{r} = 1$, le calcul donne $\psi(\mathfrak{r}) = 0{,}71$, valeur bien grande pour être facilement acceptable, puisqu'elle excède les $\frac{2}{3}$ de celle, 1, que fournit, dans le dénominateur de ε, le terme principal $\mathfrak{r}$. Quoi qu'il en soit, l'expression de ε sera, en appelant ε_0 sa valeur dans un canal rectangulaire large pour même rayon moyen et même vitesse à la paroi,

$$(62)\qquad \varepsilon = \frac{\varepsilon_0}{\mathfrak{r} + \psi(\mathfrak{r})} = \frac{\varepsilon_0}{0{,}576 - 1{,}131\mathfrak{r} + 6{,}744\mathfrak{r}^2 - 15{,}213\mathfrak{r}^3 + 10{,}738\mathfrak{r}^4}.$$

» **55.** Pour les valeurs de r inscrites au Tableau (46), mais disposées dans l'ordre inverse et avec adjonction de $\iota = 1$, $\iota = 0{,}8$, $\iota = 0{,}1$, $\iota = 0$, savoir,

pour $\iota = 1$ 0,9375 0,875 0,8 0,750 0,625 0,500 0,375 0,250 0,125 0,1 0,

le dénominateur de (62) devient respectivement

$\iota + \psi(\iota) =$ 1,71 1,20 0,85 0,60 0,50 0,43 0,47 0,51 0,52 0,51 0,52 0,58.

» On voit que ses variations sont assez complexes : supérieur à ι, des $\frac{7}{10}$ environ, pour $\iota = 1$, c'est-à-dire sur la paroi, il décroît, d'abord même très rapidement, dès qu'on se dirige vers l'axe, égale l'unité dans le voisinage de $\iota = 0{,}9$ et devient inférieur à ι vers $\iota = 0{,}88$, puis minimum vers $\iota = 0{,}6$, pour surpasser de nouveau ι vers $\iota = 0{,}48$, ou un peu après le milieu $\iota = 0{,}5$ des rayons, et ne plus beaucoup varier ensuite, tout en augmentant cependant, surtout à l'approche de l'axe $\iota = 0$, et abstraction faite d'un maximum et d'un minimum à peine saisissables vers $\iota = 0{,}250$ et $\iota = 0{,}125$ (¹). On pourrait presque le regarder comme constant et égal à $\frac{1}{2}$ depuis $\iota = 0{,}75$, ou même un peu avant, jusqu'à $\iota = 0$, c'est-à-dire dans toute une région centrale d'une aire équivalente aux $\frac{3}{5}$ environ de la section totale, tandis qu'il éprouverait un accroissement rapide, dans le rapport de 0,5 à 1,7, ou de 5 à 17, sur tout le pourtour de cette région centrale, savoir dans l'espace occupé par le dernier quart des rayons à partir de l'axe ou par leur premier quart à partir de la paroi.

» Donc le coefficient ε de frottement intérieur, inverse de $\iota + \psi(\iota)$, ne serait guère, à la paroi, que les $\frac{10}{17}$ de sa valeur ε_0 relative à une section rectangulaire large; mais il grandirait très vite à partir de la paroi, au point d'atteindre ε_0 vers le premier dixième de la longueur des rayons, et d'excéder $2\varepsilon_0$ sur un certain parcours, depuis leur premier quart jusque après leur milieu (vers $\iota = 0{,}4$), en se maintenant supérieur à sa valeur approximative, exprimée par la seconde formule (15), depuis $\iota = 0{,}88$ environ jusqu'à $\iota = 0{,}48$ environ. Au delà, c'est-à-dire sur presque tout le quart central de l'aire totale des sections, non seulement il serait au-

(¹) Il n'a pas d'ailleurs d'autres maxima et minima que les trois signalés ici : car sa dérivée, du troisième degré en ι et par suite incapable de s'annuler plus de trois fois, prend les valeurs respectives, à signes alternés, $-0{,}196$, $0{,}010$, $-0{,}428$, $1{,}433$, pour $\iota = 0{,}10$, $\iota = 0{,}15$, $\iota = 0{,}50$, $\iota = 0{,}75$; donc ces valeurs de ι séparent bien les trois racines pour lesquelles se produisent les maxima et minima de la fonction $\iota + \psi(\iota)$ trouvée.

dessous de ce que donne la seconde formule (15), mais même il décroîtrait légèrement jusque vers le centre, autour duquel il se maintiendrait, sur le dernier tiers des rayons, assez voisin de $1,9\,\varepsilon_0$.

§ XV. — Dernières réflexions touchant l'agitation tourbillonnaire et les lois du frottement intérieur.

» 54. Le rapide accroissement du coefficient ε de frottement intérieur à partir de la paroi, sur le premier quart ou même environ le premier tiers des rayons, c'est-à-dire à la traversée des couches fluides qui glissent le plus vite les unes contre les autres, se conçoit en admettant que les grands glissements relatifs, sur chacune d'elles, de la couche suivante animée d'une vitesse supérieure, donnent naissance, dans celle-ci, à une nouvelle agitation, distincte ou en sus de celle qui, produite soit à la paroi, soit dans les couches précédentes plus excentriques, lui est transmise en se concentrant vers l'axe. Et la majeure partie de l'agitation naîtrait justement contre la paroi, parce que les glissements analogues y sont énormes. Au contraire, la quasi-constance, malgré la concentration (vers l'axe) qui persiste, du coefficient ε sur les deux autres tiers des rayons, c'est-à-dire presque dans la moitié centrale de l'aire des sections, s'expliquerait par le fait que l'agitation, y étant transmise à la masse fluide animée des plus fortes vitesses par rapport à la paroi, s'y dissémine sur une grande longueur. Peut-être aussi son extinction y est-elle plus rapide, faute de glissements mutuels d'ensemble des couches traversées, pour l'entretenir.

» En reportant fictivement à la paroi, comme le fait la seconde formule approchée (15), l'excédent d'agitation produit en réalité dans la masse fluide périphérique, mais, par contre, en imaginant continuée jusque sur l'axe la concentration d'agitation avec renforcement, qui paraît terminée à l'approche de la région centrale, on tient approximativement compte du considérable accroissement de l'agitation et de ε dans la première région, sans avoir besoin de l'y faire ni aussi fort qu'il l'est, ni aussi exclusif (de la région centrale) quant à son siège. Bref, on *sépare* dans l'espace et, par suite, *dans les calculs ainsi simplifiés*, les deux phénomènes, en réalité mêlés, de la naissance et de la concentration de l'agitation, localisant le premier à la paroi pour le rendre aussi discontinu que possible, *afin qu'il laisse subsister plus complète la continuité partout ailleurs*, et étendant au contraire le second à la section entière, *pour lui donner partout une expression uniforme :* double hypothèse simplificatrice qui conduit à des lois du phénomène intelligibles et, quoique idéales, très voisines des lois observées. On a vu, en effet, que le plus grand écart sur les vitesses des filets fluides, entre les résultats théoriques de première approximation et les résultats *constatés*, n'atteint pas 3 centièmes de la vitesse moyenne.

» 53. Les deux principales causes perturbatrices aux règles simples de variation de ε qu'expriment les formules (15), savoir, la naissance de l'agitation ailleurs qu'aux parois, et la cessation de sa concentration dans les couches les plus rapides, paraissent, comme on l'a vu, tenir l'une et l'autre, en définitive, à l'inégalité de vitesse des filets, mesurée approximativement par l'excès, sur l'unité, du rapport de la vitesse maxima u_m à la vitesse à la paroi u_0. Or, cet excès est bien moindre dans une section rectangulaire large que dans une section circulaire ou demi-circulaire; car si, pour fixer les idées, nous supposons la paroi d'un degré moyen de rugosité donnant $b = 0{,}0004$ dans la section rectangulaire, nous aurons les deux valeurs respectives 0,58, 0,50, obtenues plus haut, pour le rapport de u_0 à u_m dans les deux formes de section : ce qui donne, pour le rapport inverse considéré ici, 1,72 et 2, c'est-à-dire deux valeurs dont la seconde excède l'unité presque une fois et demie autant que la première. Les perturbations doivent donc être bien moins sensibles dans la section rectangulaire large; et l'on s'explique que la deuxième approximation n'y ait pas été nécessaire, comme elle l'était dans le cas de la section circulaire ou demi-circulaire, pour faire à peu près disparaître les petits désaccords sur la différence des deux valeurs correspondantes de $\frac{1}{\sqrt{b}}$, et sur le coefficient $\frac{1}{3}k$ dans le rectangle, que la première laissait subsister entre la théorie et l'expérience (1).

(1) La plus grande partie de ce Mémoire a paru en juin et juillet 1896 dans les *Comptes rendus des séances de l'Académie des Sciences* (t. CXXII, p. 1289, 1369, 1445, 1517, et t. CXXIII, p. 7, 77, 141).

NOTE COMPLÉMENTAIRE.

Explication physique de la fluidité et raison d'être des frottements intérieurs dans les fluides (1).

« **1.** *De l'isotropie simple et de l'isotropie symétrique.* — Quoique les fluides soient les plus simples des corps, surtout au point de vue des propriétés mécaniques ou des formules qui relient, dans toute particule matérielle, les pressions à l'état moyen local actuel (2), néanmoins, la définition de la *fluidité* suppose la connaissance d'une notion, d'ailleurs capitale dans toutes les branches de la Physique, qu'il convient d'exposer d'abord, celle de l'*isotropie*.

» On conçoit qu'une particule de matière puisse dans son état présent, supposé rendu fixe pour plus de commodité, être conformée intérieurement de manière à offrir le même *aspect* moléculaire général, le même agencement moyen de ses points matériels, à un observateur infiniment petit, placé vers son milieu pour examiner les détails de sa structure, et qui s'y orienterait successivement de tous les côtés. Quand cela a lieu, ou, en d'autres termes, quand l'observateur idéal dont il s'agit a sans cesse devant lui, vers quelque direction qu'il se tourne, la même figure générale formée par les groupements des atomes qui l'environnent, figure pouvant être prolongée ou complétée, tant à droite et à gauche qu'en dessus, au-

(1) On me saura peut-être gré de publier ici, à la fin d'une étude concernant, en définitive, le frottement intérieur des fluides, la première des leçons que je donne tous les trois ans sur ces corps dans mon Cours de la Sorbonne, leçon où je m'efforce de faire comprendre à mes auditeurs tout à la fois la possibilité ou même la réalisation fréquente de la fluidité parfaite à l'état d'équilibre, et son impossibilité, ou la nécessité des frottements intérieurs, à l'état de mouvement.

(2) Voir, au sujet de cet *état moyen local*, la sixième de mes *Leçons synthétiques de Mécanique générale servant d'Introduction au Cours de Mécanique physique de la Faculté des Sciences de Paris* (p. 72 à 77).

dessous et jusqu'en arrière de lui, sans cesser de lui apparaître toujours sensiblement identique, presque comme si elle le suivait dans sa rotation, on dit que la particule est *isotrope*. Les propriétés physiques liées à sa configuration interne s'exprimeront évidemment de même, dans tous les systèmes de coordonnées x, y, z fournis par trois axes rectangulaires participant au mouvement de l'observateur, c'est-à-dire qui se déduisent d'un premier système d'axes au moyen d'une rotation quelconque, ou qui présentent la même disposition *mutuelle*, ceux des x et des y positifs étant, par exemple, devant l'observateur, respectivement à sa gauche et à sa droite, quand l'axe des z va de ses pieds vers sa tête.

» Cette *isotropie*, offerte naturellement par les solides *amorphes* ou à cristallisation confuse soustraits à toute action extérieure, par les dissolutions aqueuses, etc., implique, d'une certaine manière, la *parité de constitution en tous sens*, vu que chaque côté ou direction de l'espace peut venir, à son tour, occuper le centre du Tableau, toujours le même, perçu par l'observateur idéal. Mais elle n'implique pas, nécessairement, la *symétrie* à droite et à gauche de celui-ci : car rien n'empêche les groupes atomiques d'affecter, par exemple, la forme de fragments d'hélices ou de vis tous égaux, bien qu'ayant leurs axes orientés indifféremment dans tous les sens, ou encore celle de tétraèdres non isocèles égaux, épars çà et là, etc. ; et l'on sait que de pareils groupes se trouvent, par le fait même de leur *égalité superposable*, incapables de former des figures *symétriques* à droite et à gauche de l'observateur. Autrement dit, les propriétés physiques d'une particule isotrope sont bien exprimées d'une même manière, dans tous les systèmes d'axes rectangles des x, y, z présentant une certaine disposition mutuelle, et aussi d'une même manière dans tous ceux qui offrent la disposition inverse ; mais ces deux manières peuvent, parfois, rester distinctes, quand il n'y a pas, dans la contexture de la molécule, quelque plan de symétrie qui permette, *a priori*, d'attribuer à un axe coordonné en émanant normalement d'un côté, le même rôle qu'à son prolongement vers le côté opposé, et de passer ainsi des premiers systèmes aux seconds. L'on dit alors que l'*isotropie* est *dissymétrique*.

» Il faudra donc, pour qu'il y ait *isotropie symétrique*, ou absolue *parité* (au moins apparente) *de la constitution dans tous les sens*, c'est-à-dire par rapport à *tous* les systèmes d'axes rectangles se croisant dans la particule, qu'on puisse renverser la direction d'un seul des axes, le remplacer par son symétrique relativement au plan des deux autres axes, sans modifier l'expression des propriétés physiques dont on veut s'occuper. Du reste, l'isotropie entraînera la symétrie, si les réductions en résultant dans les formules rendent celles-ci inaltérables par le simple retournement d'un des axes. Or c'est ce qui arrive le plus souvent. Il n'y a guère, en Mécanique et en Physique, que le phénomène de la polarisation rotatoire des dissolutions, où apparaisse la différence de l'isotropie dissymétrique d'avec l'isotropie symétrique.

» Dans la suite de ces Leçons, relatives soit aux fluides, soit, plus loin, aux solides élastiques, nos raisonnements, quand il sera question d'isotropie, ne supposeront que l'isotropie dissymétrique ou simple; mais les formules auxquelles nous arriverons se trouveront, d'elles-mêmes, vérifier les conditions de l'isotropie symétrique.

» Un corps formé de particules toutes isotropes sera dit *isotrope* lui-même. Il pourra néanmoins être *hétérogène*, à cause de variations continues soit de nature, soit de densité, soit même seulement de structure interne, qu'on y observera au passage d'une particule à ses voisines.

» 2. *Des fluides; leur propriété caractéristique, consistant dans la reconstitution incessante de leur isotropie.* — Cela posé, les fluides sont, *par définition* (pour le géomètre), des corps isotropes ayant, comme propriété caractéristique, de *recouvrer* spontanément leur isotropie après toutes les déformations possibles, et même de la garder à fort peu près durant ces déformations, pourvu qu'elles s'effectuent avec une lenteur suffisante. Il se produit, dans leurs moindres particules, pendant les mouvements moyens locaux ou observables que nous y constatons, d'imperceptibles mais incessantes modifications des groupements moléculaires, tendant à y égaliser les intervalles dans les diverses directions et, par suite, à y maintenir une constitution pareille en tous sens. Quand, par exemple, un de leurs éléments de volume s'allonge dans certains sens et se contracte dans d'autres, une légère évolution de la plupart de ses molécules, autour de leurs voisines, les aligne en plus grand nombre suivant les premières directions et les écarte des secondes; en sorte que l'observateur idéal dont il a été parlé ci-dessus, placé vers le milieu de l'élément de volume et capable d'apprécier leur disposition, pût la juger pareille tout autour de lui (au moins dans l'ensemble ou en moyenne), de quelque manière qu'il s'orientât.

» Cet effet de régularisation a lieu très vite dans les fluides sans viscosité appréciable, ou proprement dits, comme les gaz, l'eau, l'alcool, etc.; et l'on peut alors presque toujours, à une assez grande approximation, y supposer atteint à tout instant, même pendant des mouvements rapides, l'état de la matière que nous avons appelé *élastique* ([1]), où la configuration interne propre de chaque groupe moléculaire ne varie, à une température donnée et pour une matière de constitution donnée, qu'avec les situations relatives occupées par les centres de ce groupe et des groupes environnants, c'est-à-dire avec l'état statique moyen local. Seulement, ici, les changements de configuration interne des groupes sont liés aux déformations d'ensemble ou visibles, de la manière qu'il faut pour maintenir l'isotropie de la particule aux dépens de la forme et même de la distinction des groupes, au lieu de l'être, comme dans un solide déformé entre ses limites d'élasticité, de manière à conserver le mode primitif d'assemblage des molécules en groupes distincts ([2]).

» Au contraire, dans les fluides un peu ou fortement visqueux (l'huile, les liquides pâteux, le goudron, etc.), l'évolution interne des groupes se fait avec lenteur, et il faut un temps plus ou moins appréciable pour que l'état élastique se reconstitue.

» Mais, quel que soit le degré de viscosité, cet état élastique, une fois produit, est, dans tous les fluides, éminemment simple, puisque, se trouvant isotrope, il ne varie, à température constante, qu'avec la place ou l'étendue totale laissée à chaque petit volume matériel pour y répartir uniformément ses molécules, c'est-à-dire, en d'autres termes, qu'avec la densité actuelle ρ, et puisqu'il n'est astreint par suite à la conservation d'aucun mode spécial de la contexture, en ce qui concerne la place de chaque molécule considérée individuellement ou suivie dans son identité aux divers endroits qu'il lui arrive d'occuper.

» La persistance ou plutôt le rétablissement incessant de l'isotropie sera donc la propriété caractéristique et comme la définition même du fluide.

([1]) *Voir* la VIIe de mes *Leçons synthétiques de Mécanique générale*, etc., p. 83 et 84.

([2]) Aussi les solides que l'on appelle *isotropes* le sont-ils seulement dans leur état choisi comme primitif, ou lorsque, à partir de cet état, ils changent de volume *sans changer de forme*, grâce à une égale contraction ou dilatation en tous sens. Les plus petites déformations suffisent pour les rendre, comme on dit, *actuellement hétérotropes* ou *anisotropes*, quoique fort peu ; et il importe d'observer que la qualification de corps isotrope, quand on la leur applique, se rapporte uniquement à leur état *naturel* ou *primitif* : c'est une restriction convenue, bien qu'implicite, que l'on apporte, en traitant de ces corps, au sens du mot *isotropie*.

» 3. *Cette propriété est due à une intensité suffisante de l'agitation calorifique.* — Mais il resterait à expliquer l'existence, chez tant de corps, d'une aussi merveilleuse propriété. Tout ce que l'état actuel de nos connaissances nous permet d'en savoir, c'est que la régularisation interne, le rétablissement incessant de l'isotropie, sont rendus possibles par l'amplitude des vibrations calorifiques, assez étendues dans tous les fluides pour dégager les molécules les unes des autres, et qui permettent à la matière d'y prendre, dans chaque cas, la disposition la plus stable, laquelle est naturellement la plus simple, c'est-à-dire la plus égale en tous sens, la plus homogène. Le mouvement *brownien,* agitation lente mais perpétuelle de l'eau et de l'air les plus calmes, rendue perceptible au microscope par l'entraînement des poussières éparses à leur intérieur, n'est peut-être que la partie visible de cette agitation, celle des particules qui, exceptionnellement, progressent dans une même direction sur une étendue et durant un temps appréciables.

» Le *tassement* d'une masse de sable, contenue dans un vase, au moyen de secousses multipliées imprimées au vase, phénomène où nous voyons les grains de sable affecter de même successivement un grand nombre de modes de groupement qui leur sont offerts et acquérir finalement le plus homogène possible pour le conserver désormais, peut nous faire comprendre comment l'agitation calorifique produit sans cesse dans les fluides un effet analogue, mais encore plus complet et plus rapide.

» 4. *Propriétés dérivées : premièrement, normalité et constance de la pression élastique; sa formule générale.* — Si l'on conçoit tracé, dans une particule fluide à l'état élastique, un élément plan quelconque, et que l'observateur idéal juge de l'isotropie ait les pieds sur cet élément plan, en son centre de gravité, la tête suivant sa normale, la configuration moléculaire qu'il voit au-dessus et au-dessous de l'élément plan lui offre sans cesse le même aspect, de quelque angle qu'il tourne vers sa droite ou vers sa gauche. Donc la pression exercée sur cet élément plan, fonction de la configuration observée, occupe aussi, par rapport à lui, une position invariable, et ne peut qu'être dirigée suivant la normale. D'ailleurs, la configuration observée restant encore la même quand l'élément plan change ensuite de direction, la pression a, par unité d'aire, la même valeur sur tous les éléments plans menés au même endroit. Ainsi, l'isotropie entraîne la normalité des pressions et leur égalité en tous sens, circonstances que nous savons d'autre part être solidaires.

» Les forces élastiques se réduiront donc, en chaque point d'un fluide, à ce que nous avons appelé la *pression moyenne* p $\left(\text{égale à } -\frac{N_x+N_y+N_z}{3}\right)$, qui est une pression normale, de même valeur sur tous les éléments plans se croisant en sens divers. De plus, à une température τ donnée, cette force p dépendra uniquement de la densité ρ, comme l'état élastique lui-même; en sorte qu'elle sera une certaine fonction, bien déterminée, de deux variables seulement, la densité ρ et la température τ. Cette fonction croîtra avec ρ, à cause des énormes répulsions exercées entre les molécules les plus voisines, et qui grandissent très vite pour peu qu'augmente le rapprochement mutuel de celles-ci ([1]). Elle croîtra aussi généralement avec la température τ; car il se produira sans cesse des rapprochements et, par suite, des augmentations de répulsion, entre un grand nombre de molécules voisines, si les vibrations calorifiques s'amplifient, sans même que les situations moyennes changent, c'est-à-dire sans que la densité varie; et l'on conçoit que ces accroissements de répulsion excèdent, en général, les accroissements d'attraction provoqués par les écartements non moins nombreux survenus entre molécules.

» 5. *Deuxièmement, quasi-incompressibilité des liquides.* — Considérons, en particulier, à température constante, le cas des liquides, soit fixes, soit peu volatils, pour lesquels il existe un état où, la densité ρ étant notable, la pression p comprend une somme d'attractions (exercées aux distances intermoléculaires les moins petites) égale à celle des répulsions et, par conséquent, s'annule. Alors quand, à partir de cet état, la densité ρ croît, la pression due aux actions intermoléculaires exercées aux distances r où il y avait déjà de telles actions avant cet accroissement de ρ, varie, dans tous ses termes correspondant aux diverses valeurs de r, proportionnellement à une même fonction de la densité ρ (à raison surtout du nombre des actions élémentaires exercées à travers chaque élément plan, nombre qui grandit comme le carré de la densité) et elle reste nulle. Mais il s'y ajoute les fortes répulsions s'exerçant entre les molécules venues à des distances moindres que les précédentes distances minima de l'état où p s'annulait, et de là résulte sans doute l'énergique pression que l'on observe alors, à laquelle est due la *quasi-incompressibilité* des liquides.

([1]) *Leçons synthétiques de Mécanique générale*, p. 43 à 50 et p. 106.

» 6. *Troisièmement, phénomène de l'écoulement; condition de non-rupture des fluides sans viscosité appréciable.* — Les changements arbitraires de forme d'un fluide, *produits avec une lenteur suffisante*, qui n'altéreront pas la densité, ne feront donc naître dans le fluide aucune résistance appréciable, susceptible de s'opposer à leur continuation *ou de les maintenir entre certaines limites*. Aussi ces déformations pourront-elles, sans que leur cause devienne sensible, atteindre des valeurs quelconques, et, en particulier, le fluide se moulera parfaitement sur tout solide qui le touchera si légèrement que ce soit. Ce phénomène de déformation illimitée s'appelle *écoulement*, et la propriété qu'ont les corps dont il s'agit de le présenter, c'est-à-dire de *couler*, sous des efforts tellement faibles qu'ils échappent à nos mesures, est précisément celle qu'on appelle *fluidité* et qui leur a fait donner le nom de *fluides*. Elle est, en effet, plus apparente que leur *isotropie persistante* ou *continue* dont, au fond, elle dérive.

» La viscosité consiste essentiellement en ce que la pression p puisse recevoir des valeurs négatives ou le corps exercer des *tractions*. Donc, dans les fluides non visqueux, comme l'eau, l'air, etc., la pression ne descendra jamais au-dessous de zéro d'une manière appréciable, et une condition nécessaire de *non-rupture*, ou de conservation de la continuité apparente de la matière, y sera $p < 0$. Cette inégalité tiendra lieu, pour les fluides dont il s'agit, de celle qui, dans la théorie de la résistance des solides, astreint les dilatations linéaires à ne dépasser nulle part une certaine *limite* positive d'*élasticité*.

» 7. *Quatrièmement, énergie interne d'un fluide à l'état élastique.* — Toujours à l'état élastique, l'énergie interne d'une particule fluide par unité de masse ne pourra également dépendre, à une température donnée τ, que de l'espace total occupé par sa matière et d'après l'étendue duquel se rangent ses molécules : ce sera donc, comme la pression p, une certaine fonction des deux seules variables ρ, τ, ...

(Je supprime le reste de ce numéro et le numéro suivant, à peu près étrangers au sujet de la présente publication.)

» 9. *Des fluides à l'état non élastique ou éprouvant des déformations rapides; idée et nécessité physique de leurs frottements intérieurs.* — Il est clair que les lois simples d'état élastique, dont je viens de parler, ne s'observeront généralement plus dans les fluides en mouvement doués de viscosité. Même dans ceux qui le seront le moins ou qui ne le seront pas d'une manière appréciable, comme l'eau et les gaz, les groupes moléculaires n'auront pas le temps, si les déformations d'ensemble de la particule considérée sont rapides, d'atteindre tout à fait, à chaque instant, leur disposition interne appropriée à la disposition actuelle des centres de ces groupes, et qui constituerait leur forme permanente si cette disposition persistait. Seulement, les écarts qu'il y aura entre la configuration moléculaire effective de la particule et sa configuration isotrope ou élastique, seront assez faibles pour ne modifier d'ordinaire les pressions que de petites fractions de leurs valeurs. Vu d'ailleurs l'extrême rapidité avec laquelle ils s'évanouiraient si les déformations d'ensemble de la particule venaient à s'arrêter, ils ne dépendront, à fort peu près, que du *mouvement actuel*, caractérisé par les *vitesses*, non des mouvements antérieurs, définis jusqu'à un certain point par les dérivées de divers ordres des vitesses par rapport au temps, et dont les effets sur l'état statique interne des groupes moléculaires se seront déjà effacés.

» Donc, étant donnée en outre l'isotropie du fluide dans son état élastique, considéré comme état *primitif* ou état *type* relativement à son état vrai, les parties non élastiques des pressions, celles qu'ajoutent à la pression élastique ou *primitive*, uniforme et normale, les écarts de configuration interne dus au mouvement, se trouveront à fort peu près pareilles dans deux particules fluides de même nature, prises tant à une même densité qu'à une même température, et subissant actuellement, durant un temps très court, le même ensemble de déformations rapportées à l'unité de temps, quelle qu'en soit l'orientation.

» Les composantes tangentielles de ces parties non élastiques des pressions sont, à proprement parler, les forces auxquelles on a donné le nom de *frottements intérieurs* du fluide.

» Il nous sera facile, plus loin, du moins dans le cas de déformations bien continues, de les évaluer, ainsi que les parties analogues des composantes normales des pressions. Mais il importe, dès à présent, d'observer que l'*existence* de *frottements intérieurs*, de *pressions obliques* et *inégales en divers sens, dans les fluides qui se déforment* avec une vitesse *suffisante*, ne constitue pas une propriété de ces corps purement *accidentelle*, ou susceptible de disparaître en laissant subsister dans l'état de mouvement *la fluidité parfaite* (c'est-à-dire la normalité et l'égalité en tous sens des pressions) dont ils jouissent dans l'état de repos. Car on voit que cette *imperfection de la fluidité* d'un fluide qui se déforme est *essentielle*, comme inséparable de la cause même qui produit la fluidité, savoir, du rétablissement incessant, mais *qui ne saurait être tout à fait instantané*, de l'isotropie sans cesse détruite par les déformations.

» Il est clair que, de même, l'énergie interne, également fonction (comme les pressions) de la température et de l'état *statique* vrai des groupes moléculaires, deviendra, elle aussi, fonction des vitesses de déformation de la particule, auxquelles se trouvent liés les écarts de l'état interne réel d'avec l'état élastique. »

ADDITION A LA NOTE DE LA PAGE 28.

« J'ai démontré, à la page 28, l'impossibilité, pour une fonction ayant la forme simple $\varphi\left(\frac{y}{b}, \frac{z}{c}\right)$, d'exprimer dans le cas de mouvements bien continus le mode de distribution des vitesses, c'est-à-dire le quotient $\frac{u_m - u}{U}$, à l'intérieur de sections *non elliptiques* dont la figure changerait avec le rapport $\frac{c^2}{b^2}$. Mais j'ai supposé que ce rapport dût pouvoir varier de zéro à l'infini. Or la démonstration subsiste, et établit la même impossibilité, dès qu'on demande seulement que la formule $\varphi(\eta, \zeta)$ convienne pour *deux* formes distinctes de la section, ou pour *deux* valeurs du rapport $\frac{c^2}{b^2}$.

» En effet, les relations aux dérivées partielles troisièmes de φ, que donne la différentiation de l'équation indéfinie $\Delta_2\varphi =$ const., peuvent s'écrire

$$\frac{c^2}{b^2}\frac{d^3\varphi}{d\eta^3} + \frac{d^3\varphi}{d\eta\, d\zeta^2} = 0, \qquad \frac{c^2}{b^2}\frac{d^3\varphi}{d\eta^2 d\zeta} + \frac{d^3\varphi}{d\zeta^3} = 0.$$

Admettons que chacune d'elles doive être vérifiée pour deux valeurs distinctes de $\frac{c^2}{b^2}$, et soient, par exemple, λ, μ celles-ci pour la première équation. Nous aurons

$$\lambda\frac{d^3\varphi}{d\eta^3} + \frac{d^3\varphi}{d\eta\, d\zeta^2} = 0, \qquad \mu\frac{d^3\varphi}{d\eta^3} + \frac{d^3\varphi}{d\eta\, d\zeta^2} = 0; \qquad \text{d'où} \qquad (\lambda - \mu)\frac{d^3\varphi}{d\eta^3} = 0.$$

Il vient, dès lors,

$$\frac{d^3\varphi}{d\eta^3} = 0, \qquad \frac{d^3\varphi}{d\eta\, d\zeta^2} = 0; \qquad \text{et, de même, } \frac{d^3\varphi}{d\eta^2 d\zeta} = 0, \qquad \frac{d^3\varphi}{d\zeta^3} = 0.$$

Les dérivées partielles troisièmes de φ sont donc tenues de s'annuler identiquement, tout comme si les paramètres b, c étaient, tous les deux, arbitraires. »

ADDITION À LA NOTE DES PAGES 37 À 39.

Si l'on n'avait à considérer que des écoulements bien continus, il y aurait une variable meilleure encore que le rayon moyen, pour exprimer tout à la fois l'influence, sur la vitesse moyenne U, de la grandeur et de la forme de la section ; ce serait le quotient de la section σ du tube par le *rayon de gyration* de celle-ci autour d'un axe normal à son plan et issu de son centre de gravité, c'est-à-dire par la longueur J que définit la formule $\sigma J^2 = \int_\sigma r^2 d\sigma = \int_\sigma (y^2 + z^2) d\sigma$.

Des quadratures assez faciles donnent pour ce rayon de gyration J, dans les quatre cas du triangle équilatéral, du carré, du cercle et du rectangle infiniment large, des valeurs égales au contour χ divisé respectivement par les quatre nombres

$$6\sqrt{3} = 10,392, \qquad 4\sqrt{6} = 9,798, \qquad 2\pi\sqrt{2} = 8,886, \qquad 4\sqrt{3} = 6,928.$$

En introduisant, d'après ces valeurs, J au lieu de χ dans la formule de U, qui est $\frac{1}{\gamma} \frac{\rho g \sigma^2}{2\chi^2} I$, il vient :

$$U = \frac{1}{\gamma'} \frac{\rho g}{2} \left(\frac{\sigma}{J}\right)^2 I,$$

avec les quatre valeurs respectives suivantes du nouveau paramètre γ' :

$$\gamma' = 36.5 = 180, \qquad \gamma' = (1,778 \ldots)(96) = 170,69,$$
$$\gamma' = 16\pi^2 = 157,91, \qquad \gamma' = 36.4 = 144.$$

On voit que l'inverse de γ', ou le coefficient auquel la nouvelle formule fait la vitesse U proportionnelle, grandit seulement dans le rapport de 4 à 5, quand la section devient rectangulaire large, de triangulaire équilatérale, en passant par les formes carrée et circulaire. Et l'on trouve que ce coefficient serait même absolument constant dans les sections elliptiques, qui, toutes, donnent $\gamma' = 16\pi^2$, comme le cercle. Il est donc bien moins variable que l'inverse de γ, et l'on pourrait, avec quelque approximation, le prendre, pour toutes les formes usuelles de la section, égal à la moyenne arithmétique de ses deux valeurs extrêmes obtenues $\frac{1}{36.5}$, $\frac{1}{36.4}$, moyenne qui est $\frac{1}{160}$, ou qui revient à poser $\gamma' = 160$. M. de Saint-Venant avait déjà indiqué, dans les *Comptes rendus de l'Académie des Sciences* (t. LXXXVIII, p. 142; 27 janvier 1879), une formule approximative analogue pour le moment de torsion d'un prisme élastique isotrope. Or, la détermination d'un tel moment de torsion constitue un problème analytique revenant justement à celui de l'écoulement uniforme bien contigu dans un tube de même section que le prisme dont il s'agit, comme je l'ai établi aux pages 70 à 76 de mon premier Mémoire *Sur l'équilibre et le mouvement des tiges élastiques*, inséré en 1871 dans le *Journal de Mathématiques pures et appliquées*, de LIOUVILLE (2e série, t. XVI).

Malheureusement, la nouvelle variable $\frac{\sigma}{J}$ perd en majeure partie ses avantages quand l'écoulement devient tourbillonnant. Alors, en effet, le rapport $b = \frac{\sigma}{\chi}\frac{I}{U^2}$, sensiblement constant pour chaque forme de section, vaut, par exemple (n° 51, p. 47), 0,00034 dans le cercle, quand il égale environ 0,0004 dans le rectangle large et un peu plus que 0,0004 dans le carré (*). Or si, éliminant χ de ce rapport, on considère, à la place, le nouveau rapport $\frac{\sigma}{J}\frac{I}{U^2}$, sa valeur, $b\frac{\chi}{J}$, devient supérieure à $(0,0004)(4\sqrt{6}) = 0,00392$ dans le carré, égale à $(0,00034)(2\pi\sqrt{2}) = 0,00302$ dans le cercle et seulement à $(0,0004)(4\sqrt{3}) = 0,00277$ dans le rectangle large. Elle change sans doute très peu, quand on passe du rectangle large au cercle; mais, en revanche, elle croît beaucoup, environ de moitié, quand on passe du rectangle large au carré, et elle ne varierait peut-être pas moins si l'on passait du même rectangle large aux formes trapézoïdale étroite et triangulaire, assez usuelles, qui laissent au contraire le coefficient b sensiblement invariable.

Donc, le rayon moyen $\frac{\sigma}{\chi}$ évalue mieux, en Hydraulique, l'influence combinée de la grandeur et de la forme de la section sur la vitesse moyenne U, que ne le fait le rapport, d'ailleurs plus compliqué, $\frac{\sigma}{J}$.

(*) D'après la série 18, paraissant assez régulière, des anciennes expériences de M. Bazin (*Recherches hydrauliques*, p. 93, 97, 409), où, dans un canal rectangulaire en planches, de 1^m,2 de largeur, la profondeur de l'eau a varié de zéro aux $\frac{3}{4}$ environ de la demi-largeur, et le rayon moyen de zéro à 0^m,2557, b croîtrait, du moins pour cette nature de parois et pour un rayon moyen comme $\frac{1}{4}$ de mètre, d'environ 5 ou 6 pour 100 de sa valeur primitive, dans un tuyau prismatique dont la section, d'abord rectangulaire très aplatie, finirait par acquérir une hauteur égale aux $\frac{3}{4}$ de sa base et approcherait ainsi de la forme carrée. Pour un rayon moyen moitié moindre, l'augmentation irait à 7 pour 100 environ, d'après la série 20, paraissant assez régulière aussi, où la profondeur a égalé et même dépassé la demi-largeur, 0^m,24.

TABLE DES MATIÈRES.

Note complémentaire. — *Explication physique de la fluidité et raison d'être des frottements intérieurs dans les fluides.*

ERRATA.

A la page 21, ligne 16, après le point, *intercaler la phrase suivante :* « Il semble, au reste, difficile, en l'état actuel de nos connaissances, et sauf dans les sections rectangulaire large et circulaire ou demi-circulaire, de définir cette *ampleur* aux divers points du contour mouillé χ, vu l'incertitude portant sur les limites de l'aire qui doit constituer son numérateur $d\sigma$ ».

A la page 38, ligne 4 en remontant, *lire ainsi :* « jusqu'à sortir de l'intervalle compris entre ses deux valeurs (3 et 2 proportionnellement) relatives au rectangle etc. ».

A la page 39, ligne 14 en remontant, *au lieu de* « plus élevé », *lire* « plus petit », et ligne 15, en remontant, *au lieu de* « moindres valeurs », *lire* « moins faibles valeurs ».

A la page 57, ligne 20, *au lieu de* « $p < 0$ », *lire* « $p > 0$ ».

Gauthier-Villars et fils, imprimeurs-libraires des comptes rendus des séances de l'Académie des sciences.
23745 Paris. — Quai des Grands-Augustins, 55.

www.ingramcontent.com/pod-product-compliance
Lightning Source LLC
LaVergne TN
LVHW050428160826
845677LV00002BA/593